ZEITSCHRIFT FÜR ANGEWANDTE GEOLOGIE

HERAUSGEGEBEN VON

DER STAATLICHEN GEOLOGISCHEN KOMMISSION

UND DER ZENTRALEN VORRATSKOMMISSION

DER DEUTSCHEN DEMOKRATISCHEN REPUBLIK

XXI. Internationaler Geologenkongreß
Kopenhagen, 15. bis 25. August 1960

AUS DEM INHALT

AKADEMIE-VERLAG · BERLIN

BAND 6 / HEFT 6
JUNI 1960
SEITE 249—304

	INHALT	СОДЕРЖАНИЕ	CONTENTS	

Die Zeitschrift für angewandte Geologie berichtet ständig ausführlich über folgende Arbeitsgebiete: Geologische Grundlagenforschung und Lagerstättenforschung / Methodik der geologischen Erkundung / Ökonomie und Planung der geologischen Erkundung / Technik der geologischen Erkundung / Geologie und Lagerstättenkunde im Ausland / Bibliographie, Verordnungen, Richtlinien, Konferenzen, Personalnachrichten

Die Zeitschrift für angewandte Geologie ist kein Organ einer engen Fachgruppe. Auf ihren Seiten können alle strittigen Fragen der praktischen Geologie behandelt werden. Die Autoren übernehmen für ihre Aufsätze die übliche Verantwortung.

ZEITSCHRIFT FÜR ANGEWANDTE GEOLOGIE

CHEFREDAKTEUR: PROF. DR. E. LANGE

BAND 6 · JUNI 1960 · HEFT 6

Kohlensäure-Erkundung in der Vorderrhön

ERHARD DITTRICH, Jena

1. Problemstellung

Seitdem die Kali-Untersuchungsbohrung Schorngraben südlich Vacha am 28. 2. 1959 durch einen starken Austritt von CO_2-Gas von sich reden machte, ist das Interesse weiter Kreise an einer Lagerstätte, die bisher nur wenig bekannt war, lebhafter geworden. Von seiten der Volkswirtschaft wird die Forderung nach der verstärkten Gewinnung natürlicher Kohlensäure erhoben. Von besonderem Wert ist dabei die große Reinheit der natürlichen Kohlensäure, die sie den meisten künstlichen CO_2-Produkten der chemischen Industrie überlegen macht. Die natürliche Kohlensäure findet vor allem in der Getränkeindustrie Verwendung.

Der Geologische Dienst Jena steht somit vor der Aufgabe, ein Programm zur Erschließung von natürlicher CO_2 durch Bohrungen zu entwickeln. Diese Aufgabe ist neu und ungewöhnlich. Sie erfordert eine Inventur der bisherigen Kenntnisse und den Versuch der Ableitung von allgemeinen Grundsätzen für die Erkundung. Der vorliegende Aufsatz soll dazu einen Beitrag liefern.[1])

Abb. 1. Bohrung Schorngraben nach Beendigung der Fassungsarbeiten, bei geöffnetem Schieber abblasend. Sommer 1959. Fot. VEB Geolog. Bohrungen

2. Die Entwicklung der CO_2-Industrie in der Vorderrhön

Als in den Jahren 1894/95 die Kalibohrung Bernhardshall 1 in 348 m Teufe starke Kohlensäureaustritte hatte, wurde in Leimbach bei Bad Salzungen eine Fabrik zur Verflüssigung des gewonnenen Gases errichtet. Dem Kohlensäurewerk wurde ein Feld zur Gewinnung von Kohlensäure überlassen, und in den folgenden Jahrzehnten wurden dort noch sechs Bohrungen niedergebracht (Abb. 2). Diese Bohrungen konzentrieren sich um den Großen und Kleinen Hundskopf, zwei kleine Basaltschlote. Im Jahre 1959 wurde die schon erwähnte Bohrung Schorngraben, etwa 7,5 km weiter westlich im Öchsetal gelegen, an das Werk angeschlossen. Im folgenden werden kurz die Ergebnisse der bisherigen Kohlensäure-Bohrungen vorgelegt (vgl. hierzu auch Abb. 3). Die Kollegen des VEB Kohlensäurewerk Bernhardshall, vor allem Herr SCHLEICHER, stellten alle vorhandenen Unterlagen und ihre persönlichen Erfahrungen zur Verfügung. Trotzdem sind infolge des hohen Alters der Bohrungen noch gewisse Lücken und Widersprüche, z. B. mit den Angaben im Bohrarchiv des Geologischen Dienstes Jena, vorhanden.

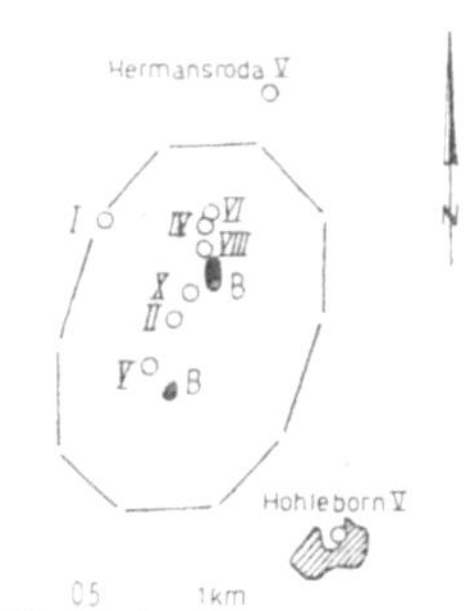

Abb. 2. Lageplan der Bohrungen im Feld Bernhardshall. B = Basalt

Die Schichtenfolge, die der Abb. 3 zu entnehmen ist, entspricht — abgesehen von einer geringeren Mächtigkeit des Werra-Steinsalzes — im wesentlichen der bekannten Normalentwicklung im Werra-Kaligebiet. Es sei bemerkt, daß die Kenntnisse über das Rotliegende und das Kristallin in den Bohrungen recht dürftig sind. Auf nähere Darlegungen über die Stratigraphie soll hier verzichtet werden.

Quelle I: Gebohrt 1894/95. CO_2 bei 348,0 m im Kaliflöz „Hessen", im Jahre 1901 versiegt.

Quelle II: Gebohrt 1901, vertieft 1905. CO_2 im Zechsteinkalk und im Rotliegenden (Konglomerat). Ruhedruck 15 atü, Produktionsdruck 14 atü.

Quelle IV: Gebohrt 1904. CO_2 im Zechsteinkalk und im Rotliegenden (Konglomerat). Produktion siehe bei Quelle VIII.

Quelle V: Gebohrt 1908. Gewöhnlich als Fehlbohrung bezeichnet. Sie soll jedoch an der Basis des Zechsteinkalkes

[1]) Das Thema wurde bereits am 11. 1. 1960 in einem Vortrag im Wissenschaftlich-Technischen Kabinett des Geologischen Dienstes Jena behandelt und diskutiert.

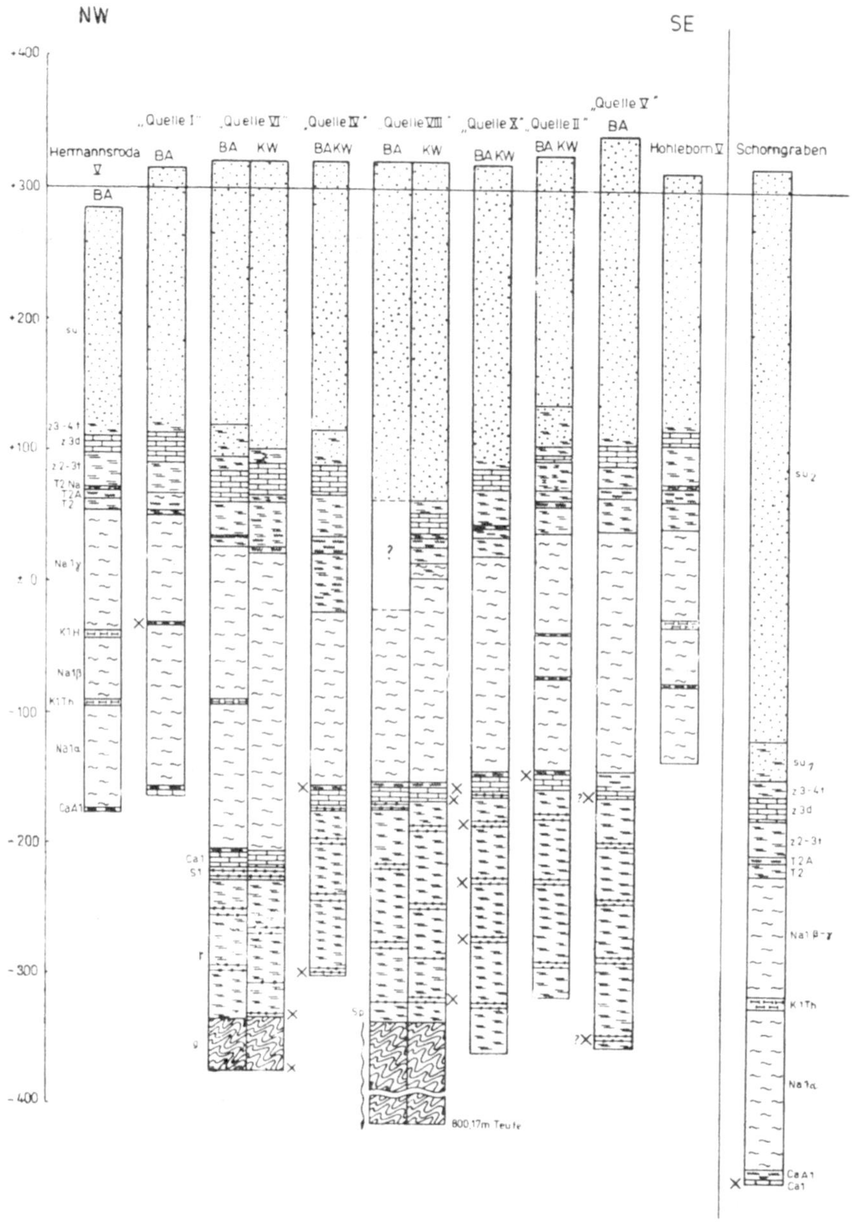

Abb. 3. Übersicht über die Bohrungen („Quellen") des VEB Kohlensäurewerk Bernhardshall

su, su_1, su_2 – Buntsandstein

z3–4t – Obere Letten; z3d – Plattendolomit; z2–3t – Untere Letten; T2Na – Steinsalz; T2A – Anhydrit; T2 – Braunroter Salzton; Na1 α, β, γ – Unteres, Mittleres, Oberes Steinsalz der Werra-Serie; K1H – Kaliflöz „Hessen"; K1Th – Kaliflöz „Thüringen"; CaA1 – Anhydritknotenschiefer; Ca1 – Zechsteinkalk; S1 – Zechsteinkonglomerat; r – Rotliegendes (Schiefertone und Konglomerate); g – Kristallin; × – Co_2-Austritt; Sp – Spuren von CO_2; BA – Angaben aus dem Bohrarchiv Jena; KW – Angaben des Kohlensäurewerkes

und im Rotliegenden CO_2 angetroffen haben, wurde wegen erheblicher Bohrlochabweichung (Krümmung) und Schwierigkeiten bei der Verrohrung aber aufgegeben und verfüllt.

Quelle VI: Gebohrt 1908/09. CO_2 im Rotliegenden (Konglomerat) und im Glimmerschiefer. War nach dem 1. Weltkrieg in Produktion, Ruhedruck 36 atü. Durch unsachgemäßes Einbringen einer Verrohrung CO_2 abgesperrt, Bohrloch danach aufgegeben.

Quelle VIII: Gebohrt 1911, erweitert und vertieft 1912/13. CO_2 im Zechsteinkalk und Rotliegenden (Konglomerat). Ruhedruck 40 atü, nur geringer Druckrückgang bei Produktion. Steht mit Quelle IV in unterirdischer Verbindung. Quelle IV und VIII waren lange Zeit die besten Sonden im Feld Bernhardshall. Durch Korrosion der Rohrtouren von außen mit Wasser bzw. Lauge angefüllt und daher z. Z. nicht mehr produktiv.

Quelle X: Gebohrt 1921/23. CO_2 im Rotliegenden (Konglomerat). Ruhedruck 25 atü, Produktionsdruck 14 atü.

Quelle XII: Gebohrt 1958/59 (Bohrung Schorngraben). CO_2 im Zechsteinkalk, Ruhedruck 49 atü, Produktionsdruck (nach 16 Stunden) 33 atü.

Die Gesamtförderung aus dem Feld Bernhardshall betrug von 1896–1957 58859 t CO_2. Das gewonnene Gas ist sehr rein, es enthält in der Regel nur wenige % Stickstoff und weniger als 0,5% Edelgase und Kohlenwasserstoffe (vgl. Tab.). Neuerdings wurden auch Ölspuren festgestellt. Es ist stets völlig trocken und somit nicht aggressiv gegen Stahl.

3. Vorkommen von CO_2 in Grubenaufschlüssen und Bohrungen der Werra-Kaliwerke

Das Auftreten von Kohlensäure in den Kaligruben, das besonders in den letzten Jahren näher untersucht wurde (GIMM 1954, HARTWIG 1954, JUNGHANS 1953 und 1955, LIEBSCHER 1951, LÜTZNER 1955, MÜLLER 1958), läßt folgende Feststellungen zu:

Die Kohlensäure ist im Zusammenhang mit dem obermiozänen Basaltvulkanismus im Gebiet der Rhön aus der Tiefe aufgestiegen. Der Aufstieg erfolgte einmal in Gemeinschaft mit juvenilen Thermalwässern oder Wasserdampf (vergleichbar mit Fumarolen). Diese CO_2-haltigen Wässer haben im Salzgebirge zu zahlreichen Umwandlungen der Kaliflöze geführt. Die Kohlensäure ist dabei in die entstandenen Umwandlungssalze mit eingeschlossen worden. Diese salzgebundene Kohlensäure wird nur bei starker Erschütterung beim Schießen frei und erzeugt dann explosionsartige Auswürfe von Salz und Gas, die vom Bergmann als Kohlensäureausbrüche bezeichnet werden. Die bei Kohlensäureausbrüchen frei werdenden Gasmengen sind, verglichen etwa mit der Produktion einer Sonde, recht erheblich.

Analysen von Kohlensäure
des VEB Kohlensäurewerk Bernhardshall

	Vol-%	Vol-%
CO_2	98,3	95,7
O_2	0,0	0,4
H_2	0,0	0,0
N_2	1,3	3,5
He	0,045	0,06
Ar	0,075	0,12
CH_4	0,25	0,23
C_2-C_4-Kohlenwasserstoffe	0,005	0,005

Der größte bekannte Kohlensäureausbruch (Menzengraben 7. 7. 1953) brachte 700000 m³ (nach JUNGHANS 1953) oder umgerechnet ca. 1400 t CO_2. Für große CO_2-Ausbrüche, die etwa jedes Jahr einmal vorkommen, kann man 200000 m³ oder ca. 400 t CO_2 als Durchschnittswerte annehmen (vgl. auch MÜLLER 1958). Diese großen Gasmengen sind aber, bedingt durch die Art ihres Auftretens, industriell nicht gewinnbar.

Kohlensäure tritt aber auch auf Klüften und Spalten im Salzgebirge auf. Sie liegt hier als freie, gasförmige (oder flüssige) Kohlensäure vor und tritt beim Anbohren der Kluft als sog. „Bläser" aus dem Bohrloch aus („schnittgebundene Kohlensäure"). Solche Bläser sind ebenfalls schon lange im Bergbau bekannt. Man muß annehmen, daß das Gas in den Schnitten aus teilweise entgasten, ehemals höher gashaltigen Thermalwässern stammt oder aber in noch späterer Zeit als gasförmige, trockene Kohlensäure aufgestiegen ist (vergleichbar mit Mofetten). Die freie Kohlensäure ist es, die allein für eine wirtschaftliche Nutzung in Frage kommt. Ein Zusammenhang zwischen Basalten und Umwandlungssalzen einerseits und Kohlensäure andererseits ist in den Kaligruben eindeutig. Die Kohlensäure kann jedoch auch ohne die offensichtliche Nachbarschaft eines Basaltes auftreten. Die Zahl der Basaltgänge und -vorkommen ist in der Tiefe größer als an der Erdoberfläche, und Basalte und basaltisch bedingte Umwandlungssalze nehmen nach Häufigkeit und Ausdehnung rhöneinwärts (also in Richtung SW) zu.

4. Zusammenhänge zwischen Tektonik und CO_2-Vorkommen

Die Basalte bevorzugen als Aufstiegswege etwa N—S streichende (NNW bis NNE) Spalten und Kluftzonen. Diese Richtungen sind in den Kaligruben eindeutig erkennbar, und über Tage lassen sich einige Basaltschlote ebenfalls als auf N—S gerichteten Linien sitzend erkennen. Für die jungmiozäne Tektonik und den Basaltvulkanismus sind also, entsprechend dem Gesamtbauplan der Rhön, N—S-Richtungen maßgebend.

Die Bohrungen im Feld Bernhardshall lassen ebenfalls einen engen Zusammenhang mit dem Basaltvulkanismus erkennen. Der Große und der Kleine Hundskopf sind zwei Basaltschlote, die offensichtlich auf einer gemeinsamen, ca. 20° streichenden Förderspalte sitzen. Diese Spalte läßt sich weiter nördlich in den Grubenbauen des Schachtes Salzungen als Basaltgang verfolgen. Die Bohrungen (Quelle I—X) stehen alle westlich der Basaltlinie. Es ist unschwer zu sagen, daß die Förderspalte der Basalte für den Aufstieg der Kohlensäure verantwortlich ist.

Bisher bestand die Ansicht, daß größere Mengen Kohlensäure nur nahe einer Basaltlinie zu erwarten sind, weil das die Bohrungen am Hundskopf so deutlich zeigen (z. B. REH 1950 und 1959). Von den hier niedergebrachten sechs Bohrungen (Quelle I nicht mitgerechnet) waren fünf fündig, und von der sechsten liegen unsichere Angaben über Fündigkeit vor. Das Ergebnis der Bohrung Schorngraben zeigt jedoch, daß eine flächenhafte Verbreitung des Gases im Zechsteinkalk bis in eine größere Entfernung von Basalten durchaus in Betracht gezogen werden muß. Die Bohrung Schorngraben steht relativ weit entfernt von den nächsten bekannten Basaltvorkommen (ca. 2 km), und es läßt sich auch keine N—S streichende tektonische Linie konstruieren, deren Verlängerung in die Nähe des Bohrloches reicht. Die Bohrung steht vielmehr am Ostflügel einer rheinisch streichenden weiten Mulde, nahe deren Kern die Basalte des Öchsen- und Dietrichsberges sowie eine Reihe kleinerer Schlote sitzen (siehe auch Abb. 4). Die Bohrung steht auch auf der Verlängerung eines flach erzgebirgisch streichenden Sattels, der von Bad Salzungen über Stadtlengsfeld führt und dessen Achse nach WSW abtaucht. Auf der nördlichen Flanke dieses Stadtlengsfelder Sattels wurden übrigens auch die Bohrungen im Gebiet der Hundsköpfe niedergebracht.

5. Beobachtungen über Speichermöglichkeiten für CO_2 in den Gesteinen der Schichtenfolge der Vorderrhön

5.1 Spalten und Klüfte im Salzgebirge

Aus den Grubenbauen ist die Speicherung von CO_2 in Spalten und Klüften des Salzgebirges bekannt. Offenbar ist der Speicherraum in diesem Falle eng begrenzt. Sämtliche Kohlensäurebläser lassen nach einigen Tagen oder Wochen rasch nach. So hat beispielsweise die Quelle I aus dem Salzgebirge CO_2 gefördert und ist nach einigen Jahren versiegt. Das UT-Bohrloch, welches zu dem Grubenunglück in Menzengraben vom 17. 4. 1958 führte, hatte ebenfalls nach einigen Wochen stark nachgelassen. Ferner ist vom Bohrloch Unteralba (Sophie III) ein CO_2-Bläser aus dem Salz bekannt, der zerstörende Wirkungen hatte, aber nur 14 Tage anhielt (MÜLLER 1958). Ein ähnliches Verhalten zeigen fast sämtliche mit Sprengbohrlöchern unter Tage angetroffenen Bläser.

Es ist also festzuhalten, daß zwar die Kohlensäure gelegentlich, in gewissen Gebieten sogar recht häufig, auf Klüften im Salzgebirge anzutreffen ist, daß aber diese Speicherräume rasch erschöpft werden, weil die Klüfte meist isoliert auftreten und untereinander und mit der Tiefe nicht mehr in Verbindung stehen.

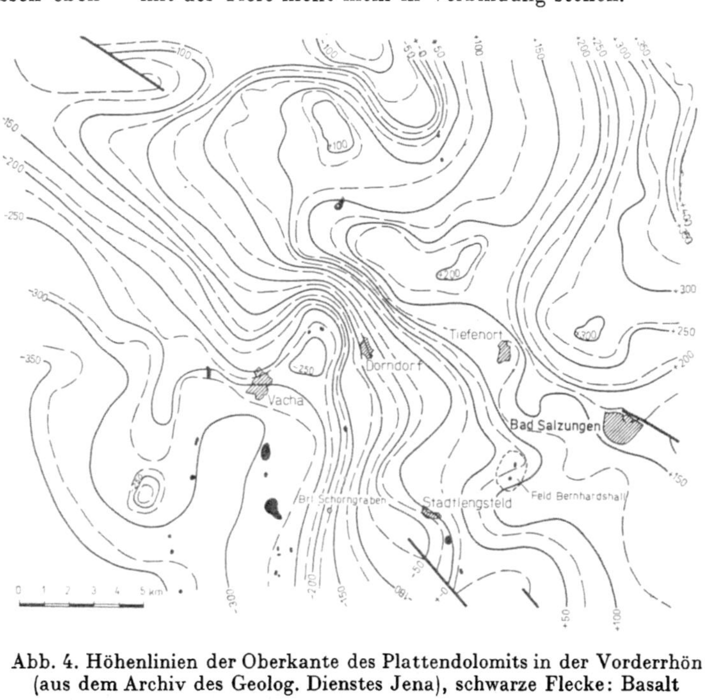

Abb. 4. Höhenlinien der Oberkante des Plattendolomits in der Vorderrhön (aus dem Archiv des Geolog. Dienstes Jena), schwarze Flecke: Basalt

5.2 Zechsteinkalk

Das wichtigste Speichergestein für die Kohlensäure ist anscheinend der Zechsteinkalk, ein in den Bohrungen 10—12 m mächtiger, grauer bis schwarzgrauer, dichter, mergeliger Kalkstein. Über das Ausmaß seiner Klüftigkeit ist wenig bekannt. Man muß aber annehmen, daß — wenigstens gebietsweise — eine starke Klüftigkeit vorliegt. Sie ist beispielsweise beim Bohrloch Schorngraben am Bohrkern erkennbar. Die Klüfte des Zechsteinkalkes ermöglichen eine Speicherung des Gases, ähnlich wie z. T. beim Hauptdolomit des Thüringer Beckens (F. DEUBEL 1954). Die Quellen II, IV und VIII haben im Zechsteinkalk CO_2 angetroffen, ebenso die neu erschlossene Bohrung Schorngraben.

Der Zechsteinkalk wird nach oben durch den Anhydritknotenschiefer (bis 10 m) und das Steinsalz der Werra-Serie (normal 260 m) gut abgedichtet. Seine Ausbildung und gleichmäßige, flächenhafte Verbreitung befähigt ihn zur Aufnahme großer Gasmengen.

5.3 Rotliegendes

Aus den Bohrungen im Feld Bernhardshall sind auch noch Kohlensäureaustritte aus dem Rotliegenden bekannt (Quellen II, IV, VI, VIII, X). Nach Angaben des Werkes erfolgten die Austritte aus Konglomeraten (siehe auch Abb. 3). Nähere Angaben über die petrofazielle Entwicklung des Rotliegenden sind leider nicht vorhanden. Es muß aber angenommen werden, daß zumindest in den grobklastischen Gesteinen des Rotliegenden Speicherungsmöglichkeiten für CO_2 bestehen. Natürlich werden hier auch Klüfte für die Speicherung noch eine gewisse Rolle spielen.

Aus der Quelle VI wird schließlich noch ein Gasaustritt aus dem Kristallin angegeben, der sicherlich durch eine Kluft bedingt ist.

5.4 Gesteine in der Umgebung des Förderweges

In der unmittelbaren Nachbarschaft eines basaltischen Förderweges sind die subsalinaren Gesteine stark zerklüftet. Diese tektonisch zerrüttete Zone, in der die Kohlensäure gefördert wurde, kann gleichzeitig — unabhängig von der petrographischen Beschaffenheit und stratigraphischen Stellung der Gesteine (siehe auch Abb. 5a) — als Speicher dienen.

6. Folgerungen für Entstehung, Migration und Speicherung der Kohlensäure

Entstehung, Migration und Speicherung der Kohlensäure dürften nach folgenden Regeln vor sich gehen:

Das CO_2-Gas wurde in dem vulkanischen Herd gebildet. Der Aufstieg erfolgte längs tektonisch bedingter Zerrüttungszonen des Gebirges. Diese streichen vorwiegend N—S und waren teilweise gleichzeitig Aufstiegswege für die Basalte. Als Speicher für die Kohlensäure boten sich verschiedene Gesteine der Umgebung des Förderweges an. Einmal besteht die Möglichkeit der Speicherung in dem durch Zerrüttung und Zerklüftung gekennzeichneten Förderweg selbst. Daneben wird das Gestein aber beiderseits des Förderweges auf eine gewisse Breite stark geklüftet sein und somit einen Speicherraum darstellen („Lagerstättentyp A", Abb. 5a).

Die Möglichkeit einer seitlichen Migration des Gases auf größere horizontale Entfernungen vom Förderweg ist aber erst gegeben, wenn speicherfähige Horizonte von der Förderzone geschnitten werden. Solche Horizonte sind offenbar im Rotliegenden in Form von Konglomeraten vorhanden. Hier muß man mit der Möglichkeit rechnen, daß die Kohlensäure auch in größerer Entfernung vom Förderweg noch angetroffen werden kann. Dies trifft besonders für den Zechsteinkalk zu, für den eine intensive Zerklüftung wahrscheinlich ist. Der Zechsteinkalk ist über die ganze Vorderrhön verbreitet. Unterschiede im Grad der Zerklüftung werden von der tektonischen Situation abhängig sein und die Speicherfähigkeit beeinflussen. Im Zechsteinkalk scheint also eine weite, flächenhafte Verbreitung des Gases möglich, wobei die Kenntnis der tektonischen Strukturen von besonderer Bedeutung sein wird. Das Schema der Abb. 5b zeigt diesen „Lagerstättentyp B".

In das nach oben abdichtende Salzgebirge ist das Gas nur örtlich auf einzelnen Klüften eingedrungen. Diese Vorkommen sind in sich abgeschlossen und von geringerer Bedeutung als die im Subsalinar.

Bei den Bohrungen im Felde Bernhardshall ist nur von den Bohrungen IV und VIII bekannt, daß sie sich gegenseitig beeinflußt haben (bei einem Abstand von etwa 30 m nicht verwunderlich). Alle anderen produzieren unabhängig voneinander. Ein nachträgliches Nachlassen der Förderung, das auf Erschöpfen der Lagerstätte zurückzuführen wäre, ist bisher nicht zu verzeichnen. Die aufgetretenen Ausfälle von Bohrungen haben alle technische Ursachen. Die Quelle II

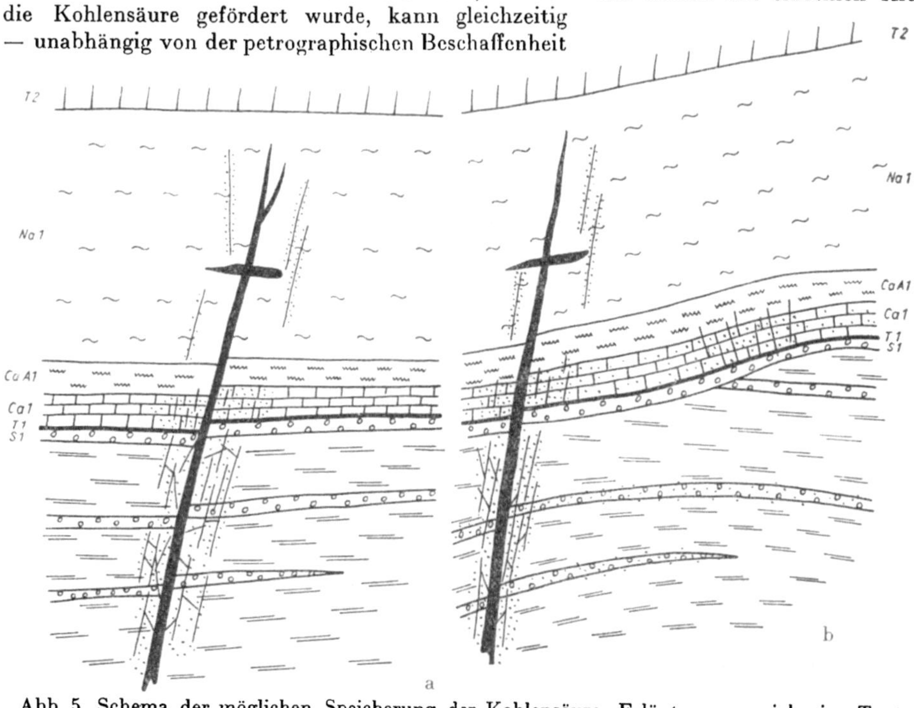

Abb. 5. Schema der möglichen Speicherung der Kohlensäure. Erläuterungen siehe im Text (Abschn. 6). Klüftung durch Striche angedeutet. Punktierungen: gespeichertes Gas

produziert seit 58 Jahren, Quelle X seit 36 Jahren. Vielleicht sollte man daher bei den kommenden Untersuchungen auch die Frage prüfen, ob die Kohlensäure nicht nur als tote Lagerstätte vorliegt, sondern ob nicht ständig eine gewisse Neuzufuhr von Gas aus der Tiefe stattfindet, so daß wir es noch mit den rezenten Nachwirkungen des jungtertiären Vulkanismus zu tun haben (Mofetten).

7. Hinweise für die Erschließung neuer CO_2-Vorkommen

Wenn auch, wie aus den Darlegungen ersichtlich, unsere Kenntnisse von den Gesetzmäßigkeiten des Auftretens gasförmiger Kohlensäure noch recht gering sind, so sind doch zumindest drei Gesichtspunkte bei der Prospektion auf CO_2 zu beachten:

1. Das Gas ist eng an tektonisch bedingte, vom Vulkanismus benutzte, spalten- oder linienartige, mehr oder weniger senkrechte, etwa N—S streichende Förderwege gebunden. In der Nähe solcher Spalten scheint eine Erkundung aussichtsreich.
2. Unter gewissen, noch nicht genau bekannten Umständen ist eine horizontale Ausbreitung des Gases in günstigen Speichergesteinshorizonten auf weite Flächen möglich. Als Speicherhorizonte kommen Zechsteinkalk und Konglomerate des Rotliegenden in Frage. Die tektonischen Strukturen spielen sicher eine wesentliche Rolle. Hiernach muß die Erkundung ausgerichtet werden.
3. Je weiter rhöneinwärts, also nach SW, desto aussichtsreicher wird im allgemeinen die Prospektion.

Die Durchführung neuer Kohlensäurebohrungen und die Ausbeutung neuer Vorkommen muß selbstverständlich unter Berücksichtigung der modernsten Verfahren und Erfahrungen der Erdöl- und Erdgaserkundung vor sich gehen. Nur so wird man zuverlässige Kenntnisse über die CO_2-Lagerstätten der Vorderrhön gewinnen können. Da neue Bohrungen in einem auch für die Kaliindustrie interessanten Gebiet niedergebracht werden, muß es als wirtschaftlich günstigste Lösung angesehen werden, wenn das Ziel der Bohrungen nicht nur die Erkundung von CO_2, sondern ebenso die Erkundung der Kaliflöze und des Kupferschiefers ist.

Zusammenfassung

Die Erkundung neuer CO_2-Vorkommen in der Vorderrhön erfordert eine Zusammenfassung der bisherigen Kenntnisse. Es wird das Material über die bereits seit 66 Jahren bestehende Kohlensäureindustrie gemeinsam mit den im Kalibergbau gewonnenen Anschauungen über das Auftreten von CO_2 zu einer Arbeitshypothese verarbeitet. Aus diesen Erkenntnissen heraus können einige allgemeine Grundsätze für kommende Untersuchungen abgeleitet werden. Die künftigen Arbeiten werden zeigen, ob die vorgeschlagene Ausgangsposition richtig war.

Summary

The reconnaissance of new CO_2 occurences requires a summarization of informations so far known. Facts dealing with the carbon dioxide industry already in existence for 66 years are combined into a working hypothesis, together with the opinions on the appearance of CO_2 prevalent in potash mining. From this knowledge some general principles may be derived for further investigations. Future activities will show whether the initial position suggested was right.

Резюме

Для разведки новых проявлений CO_2 в предгорьях Рэна необходимо обобщение всех имеющихся познаний. С этой целью разрабатывается рабочая гипотеза, опирающаяся на материалы углекислотной промышленности, которая имеет 66-летний опыт, а также на опыты при разработке калийных солей относительно наличия CO_2. На основе этих познаний могут быть выведены некоторые общие положения для будущих исследований. Эти работы будут проверкой обоснованности предложений исходных позиций.

Literatur

Deubel, F.: Betrachtungen über das Auftreten von Erdöl und Erdgas im Zechstein des Thüringer Beckens. — Geologie, 3, S. 804—831, 1954.
Gimm, W.: Kohlensäure und Kohlenwasserstoffgase im Kalibergbau der DDR und Methoden zur Bekämpfung der Gasgefahren. — Bergbautechnik, 4, S. 587—592, S. 656—662, 1954.
Grupe, O.: Studien über Schollleneinbrüche und Vulkanausbrüche in der Rhön. — Jb. geol. Landesanst., 34, Teil I, S. 407—476, 1913.
Hartwig, G.: Zur Kohlensäureführung der Werra-Fulda-Kalisalzlager. — Z. Kali u. Steinsalz, H. 5, S. 3—26, 1954.
Junghans, R.: Der schwere CO_2-Ausbruch auf der Schachtanlage Menzengraben des VEB Kaliwerk Heiligenroda am 7. Juli 1953, seine Ursachen und Folgen. — Bergbautechnik, 3, S. 457—462, S. 579—589, 1953.
— Neue Beobachtungen über das Auftreten von CO_2 im Werra-Kalibergbau. — Bergbautechnik, 5, S. 364—367, 1955.
Liebscher, K. G.: Die Bekämpfung der Kohlensäure im thüringischen Werra-Kalibergbau. — Bergbautechnik, 1, S. 113—119, 1951.
Lützner, H.: Die Urnshäuser Störung und die Frage ihrer Fortsetzung bis zur Schachtanlage Menzengraben. — Dipl.-Arb. Jena (unveröff.), 1955.
Müller, W.: Über das Auftreten von Kohlensäure im Werra-Kaligebiet. — Freib. Forschungsh., A 101, Berlin 1958.
Naumann, E.: Über einige vulkanische Erscheinungen im Werratale. — Jb. geol. Landesanst., 33, Teil I, S. 449—467, Berlin 1912.
Reh, H.: Bericht über eine Befahrung des Kohlensäurewerkes Bernhardshall, Leimbach. — Akten Geolog. Dienst Jena (unveröff.), 1950.
Reh, H.: Die Mineralquellen des Bades Liebenstein in Thüringen. — Geologie, 3, S. 891—916, 1954.
Reh, H.: Kohlensäure. — Akten Geolog. Dienst Jena (unveröffentlicht), 21. 10. 1959.

Untersuchungen auf Eisenerze, Kohle und Kalisalze in den Erdöl- und Erdgasbohrungen der DDR

N. A. Perkow, Gommern

Es ist zweckmäßig, die zur Erkundung von Erdöl- und Erdgaslagerstätten in der DDR niederzubringenden Bohrungen gleichzeitig auf Eisenerze, Kohle und Kalisalze zu untersuchen. Diese Aufgabe kann gelöst werden, indem man die interessierenden Teufenbereiche beim Niederbringen einer Bohrung

a) durchgehend kernt oder
b) geophysikalisch vermißt.

Während bei Anwendung der ersten Methode einerseits Dauer und Kosten für das Niederbringen der Bohrung erhöht werden und andererseits die interessierenden Lagerstätten infolge auftretender Kernverluste überbohrt werden können, kann man nach der zweiten — einer indirekten — Methode in jedem Fall sicherere Anhaltspunkte gewinnen. Auf Grund theoretischer Erwägungen und der bei geophysikalischen Bohrlochmessungen in der UdSSR und anderen Ländern gemachten Erfahrungen werden nachstehend die wirksamsten geophysikalischen Bohrlochmeßverfahren zur Untersuchung der betreffenden Lagerstätten angegeben.

1. Kohlelager

In den zur Erkundung von Kohle- und Erdöllagerstätten niedergebrachten Bohrungen können Kohlenflöze am sichersten nach der Methode der gestreuten Gammastrahlung (Gamma-Gamma-Messung) erkannt werden. Die fossilen Kohlen weisen eine weitaus geringere Dichte (1,5—1,75) als das Nebengestein (Tone, Sandsteine und Kalksteine) auf und zeichnen sich demzufolge in der Gamma-Gamma-Meßkurve durch hohe Indikationen (hohe Intensitäten der Streugammastrahlung) aus. Ähnliche Indikationen erhält man in Intervallen, in denen der Bohrlochdurchmesser infolge Auswaschung oder Auflösung des bohrlochnächsten Schichtteiles durch die Spülung vergrößert ist. Bei der Interpretation einer Gamma-Gamma-Meßkurve muß also immer die Kalibermeßkurve mit beachtet werden, damit Fehldeutungen, die auf im Bohrloch vorhandene Kavernen zurückzuführen sind, vermieden werden.

Die Gamma-Gamma-Messung muß im unverrohrten Bohrloch durchgeführt werden, da die Eindringtiefe dieses Verfahrens nicht ausreicht, um Kohlenflöze auch an Hand einer im verrohrten Bohrloch aufgenommenen Meßkurve lokalisieren zu können.

Elektrische Bohrlochmessungen (Widerstandsmessungen sowie Messungen natürlicher bzw. induzierter Potentiale) geben insbesondere bei der Suche nach Braunkohlenflözen nicht den gewünschten Aufschluß, so daß diese Messungen nur aushilfsweise durchgeführt werden können.

2. Eisenerzlager

Durch Beimengungen von Eisen wird die Dichte eines Gesteins erheblich erhöht. Die Abbildung zeigt die Kurve der Dichteänderungen, die eisenschüssige Kalksteine verschiedener Porosität bei Änderung des Eisengehalts erfahren. Bestimmt man den Dichteunterschied zwischen einem gut porösen, eisenhaltigen Kalkstein, der bei 30% Porosität nur 20% Eisen enthält, und einem unporösen, eisenfreien Kalkstein, so sieht man, daß selbst in diesem ungünstigsten Fall der eisenhaltige Kalkstein trotz seiner hohen Porosität infolge des Eisengehalts eine um 0,23 g/cm³ höhere Dichte aufweist als der unporöse, eisenfreie Kalkstein. Die Dichte eines eisenschüssigen, unporösen Kalksteines mit 20% Eisen übersteigt demgegenüber die des eisenfreien, unporösen Kalksteines um 1,02 g/cm³.

Eisenerze haben also eine höhere Dichte als die Nebengesteine und können demgemäß ebenfalls mit Hilfe von Gamma-Gamma-Meßkurven, in denen sie deutliche Minima hervorrufen, lokalisiert werden.

Wie die durch Änderungen des Eisengehaltes bedingten Dichteänderungen gehen aber auch die durch Porositätsänderungen bedingten Dichteänderungen eines Gesteins in die Gamma-Gamma-Messung ein. Deshalb muß zur Eliminierung des durch die Porositätsänderungen in der Gamma-Gamma-Meßkurve hervorgerufenen Effektes zusätzlich eine Neutronen-Gamma-Messung durchgeführt werden. Mit Hilfe der Neutronen-Gamma-Meßkurve kann die Porosität der vermessenen Gesteine bestimmt werden.

Eisenerze haben gewöhnlich einen höheren spezifischen elektrischen Widerstand als die Nebengesteine. Dieses Merkmal ist jedoch nicht zuverlässig, da einerseits das Eisenerz tonig oder porös und salzwassergesättigt sein kann, wodurch sein Widerstand herabgesetzt ist, und da andererseits das Nebengestein (dichte Kalksteine, Quarzite oder andere wenig poröse Gesteine) hochohmig sein kann. Elektrische Bohrlochmessungen können also zur Lokalisierung von Eisenerzen ebenfalls nur aushilfsweise herangezogen werden.

3. Kalisalzlager

Kalium enthält stets das radioaktive Isotop K^{40}, wodurch Kalisalze eine höhere Radioaktivität als das Nebengestein aufweisen. Zur Lokalisierung von Kalisalzen wird demgemäß zunächst die Intensität der natürlichen Gammastrahlung des Gebirges längs der Bohrung gemessen (Gamma-Messung). Die Gamma-Meßkurve ermöglicht es, die Kalisalze gegen das Nebengestein abzugrenzen und Rückschlüsse auf die Kaliumkonzentration im betreffenden Kalilager zu ziehen. Wurden vorher Messungen an Schichtmodellen mit bekanntem Kaliumgehalt durchgeführt, so kann die Kaliumkonzentration in vielen Fällen an Hand der Gamma-Meßkurve quantitativ bestimmt werden.

Kalisalze haben einen sehr hohen elektrischen Widerstand, so daß sie an Hand von Widerstandsmeßkurven von Steinsalz, Anhydrit, Gips und anderen chemogenen Gesteinen, in denen Kalisalze meist auftreten, nicht unterschieden werden können. Elektrische Bohrlochmeßverfahren können also auch zur Festlegung kalihaltiger Schichten nicht eingesetzt werden.

Ausgehend vom Obengesagten wird empfohlen, beim Niederbringen von Erkundungsbohrungen auf Erdöl und Erdgas in den Teufenbereichen, in denen Eisenerze, Kohle oder Kalisalze erwartet werden, folgende geophysikalische Bohrlochmessungen durchzuführen:

1. Gamma-Gamma-Messung
2. Gamma-Messung
3. Neutronen-Gamma-Messung
4. Kalibermessung
5. Elektrische Standardmessungen

Mit Ausnahme der Gamma-Gamma-Messung werden alle genannten Messungen in den Erdöl- und Erdgasbohrungen der DDR bereits durchgeführt. Zur Erfüllung der vorliegenden Aufgabe ist es aber erforderlich, gleichzeitig die Gamma-Gamma-Methode in den in Frage kommenden Teufenbereichen einzusetzen. Dies ist ohne weiteres möglich, da die Bohrlochmeßtrupps des VEB Erdöl und Erdgas über die notwendigen Standardapparaturen und Ausrüstungen verfügen; es braucht lediglich statt der für Neutronen-Gamma-Messungen notwendigen Neutronenquelle eine Gammastrahlungsquelle (z. B. das radioaktive Kobaltisotop Co^{60} mit einer Aktivität von etwa 5—10 m Cu) in die Neutronen-Gamma-Sonde eingesetzt zu werden.

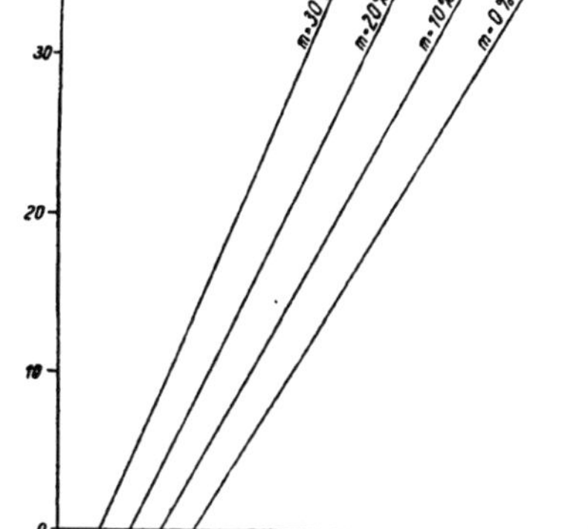

Graphische Darstellung der Änderung der Dichte (δ) für Kalksteine in Abhängigkeit von Eisgehalt (Fe %) und Porosität (m)

Liegen die Ergebnisse der vorstehend geforderten Bohrlochmessungen vor, so müssen die höffigsten Teufenintervalle ausgesondert werden, aus denen dann durch Kernschießen Proben entnommen werden.

Die erhaltenen Proben können für eine vorläufige Einschätzung der wirtschaftlichen Nutzbarkeit des entdeckten mineralischen Rohstoffs sowie zur Klärung der Frage, ob zur unmittelbaren Erkundung des betreffenden Rohstoffs besondere Bohrungen niedergebracht werden müssen, benutzt werden.

Literatur

DACHNOW, W. N.: Interpretation der Ergebnisse geophysikalischer Bohrlochmessungen. — Gostoptechisdat, 1955.

PERKOW, N. A.: Interpretation der in Erdölbohrungen erhaltenen Bohrlochmeßergebnisse. — Gostoptechisdat, 1958.

Ein Grundschema für die Methodik der Erdölprospektion

FELIKS MITURA, Kraków

Eine der wichtigsten Aufgaben bei der Erdölerkundung ist die Vervollkommnung der Prospektionsmethodik, damit eine höhere effektive Leistung erzielt werden kann. Die in den verschiedenen Ländern durchgeführte Untersuchung über die Entwicklung der Prospektionsarbeiten weist entweder negative oder kaum greifbare Erfolge bei der Erdölprospektion auf. Meist ist dies auf das Fehlen einer genau festgelegten Untersuchungsmethodik, auf die Nichteinhaltung der Reihenfolge der entsprechenden Untersuchungsverfahren und -arbeiten und auf das Fehlen unerläßlicher Richtlinien, die sich aus einer rationellen Auffassung des Gesamtbildes der Erkundungsprobleme ergeben müßten, zurückzuführen. In den vergangenen Jahren sind sowohl in der Sowjetunion als auch in der VR Polen Fälle vorgekommen, bei denen auf den einzelnen Strukturen mit den speziellen Prospektionsarbeiten begonnen, aber das Stadium der mit der Erkundung des geologischen Baues und der Bewertung der Erdölhöffigkeit des entsprechenden Gebiets verbundenen Arbeiten umgangen wurde. Durch die negativen Erfolge bei der Prospektion wurde man gezwungen, von neuem die Forschungen durchzuführen, die die Lage und die Möglichkeiten von Bitumenvorkommen auf den lokalen Strukturen bestimmen. Es ist offensichtlich, daß durch diese Arbeitsweise die Zeit der Prospektionen verlängert und die Untersuchungskosten erhöht wurden.

Die neue Prospektionsmethodik, die mit den nacheinander vorzunehmenden Untersuchungen verschiedener Kategorien von Kohlenwasserstoffanreicherungen verknüpft ist, sieht eine allmähliche und systematische Einführung von Methoden vor, durch die die höffigen Gebiete bestimmt und eingereiht und die nichthöffigen Gebiete ausgeschieden werden.

Die .Kohlenwasserstoffansammlungen lassen sich in vier qualitätsmäßig verschiedene Kategorien aufteilen: 1. in erdöl- und erdgasführende Becken, 2. in erdöl- und erdgasführende Zonen, 3. in Ölfelder, 4. in den Ölhorizont des Lagers.

Die Strategie und Taktik der Prospektion sollte sich vor allem auf die in der Reihenfolge der bei den verschiedenen Kategorien von Bitumenansammlungen durchzuführenden Untersuchungen erstrecken. Diese beginnen mit der Erkundung der Verhältnisse, die auf das mögliche Auftreten von Kohlenwasserstoffen in dem gegebenen Becken (Gebiet) hinweisen, und werden mit der Erforschung der einzelnen Ölhorizonte abgeschlossen.

Der Prospektionsvorgang kann in vier grundsätzliche Abschnitte (in der Tab. S. 275 zusammengestellt) eingeteilt werden:

1. die Grundlagenforschungen, durch die der geologische Bau und die Verhältnisse möglicher Kohlenwasserstoffansammlungen im gegebenen Becken (Gebiet) bestimmt und die regionalen Struktureinheiten ausgeschieden werden;
2. die Untersuchungsarbeiten zwecks Klärung des geologischen Baues der regionalen Struktureinheiten, die Ausscheidung von Zonen mit Kohlenwasserstoffvorkommen und von lokalen Strukturen;
3. die Such- und Erkundungsarbeiten auf lokalen Strukturen im Bereich erdöl- und erdgasführender Zonen mit dem Ziel der Entdeckung eines Ölfeldes und der Ausscheidung von Horizonten;
4. die Erforschung der Horizonte zwecks Schätzung ihrer Ergiebigkeit und ihrer Vorrichtung für die Förderung.

Nach W. POŻARYSKI (1956) müssen die Untersuchungsarbeiten in den zwei ersten Abschnitten allseitig sein, wenn die Ergebnisse die Richtung für die durchzuführenden speziellen Erkundungen auf alle Rohstoffe (nicht nur Erdöl) anzeigen sollen. Unsere Erwägungen erstrecken sich nur auf die vom Gesichtspunkt der Erdölgeologie unerläßlichen Methoden.

Im ersten Abschnitt werden geophysikalische (gravimetrische und magnetische), geomorphologische Regionalaufnahmen und Basisbohrungen unter Anwendung petrographischer, sedimentologischer, paläontologischer Verfahren sowie physikalisch-chemischer, geochemischer und hydrochemischer Untersuchungen zwecks Ermittlung der erforderlichen Charakteristik der durchteuften Gesteinskomplexe durchgeführt. J. ZIELIŃSKI (1958) hat eine übersichtliche Zusammenstellung der bei der Erdölprospektion in vier Abschnitten vorzunehmenden Untersuchungen gegeben. Es ist daher nicht notwendig, sie hier zu wiederholen. Doch soll hervorgehoben werden, daß bei Basisbohrungen das geochemische Profilierungsverfahren anzuwenden ist. Auf Grund eines Indexkomplexes kann so eine genauere Bewertung der Bitumenhöffigkeit der einzelnen Formationen und Serien des Beckens bzw. Gebiets durchgeführt werden. Z. OBUCHOWICZ (1958) veröffentlichte in seiner Arbeit (S. 35—52) eine Übersicht für einige Gebiete.

Die Untersuchungsergebnisse des ersten Abschnittes gestatten es, eine allgemeine Charakteristik des geologischen Baues zu geben und die Entwicklungsgeschichte des gegebenen Beckens (Gebiets) unter besonderer Berücksichtigung der Sedimentationsverhältnisse der einzelnen Formationen (W. POŻARYSKI 1957, Z. OLEWICZ 1957) zu ermitteln. Ebenso lassen sich die regionalen Struktureinheiten ausscheiden (W. POŻARYSKI, 1956), und durch den Vergleich der stratigraphisch-faziellen Veränderungen, strukturellen Elemente und geochemischen Indizes läßt sich die Erdölhöffigkeit der Gebiete in allgemeinen Zügen bewerten (A. TOKARSKI 1958a, Z. OBUCHOWICZ 1958, R. DADLEZ 1959).

Die Arbeiten des ersten Abschnittes sind in der VR Polen schon weit fortgeschritten, besonders im südlichen und mittleren Sedimentationsbecken des Landes; jedoch sind noch notwendige Ergänzungen vorzunehmen. Im Nordbecken und im Gebiet der osteuropäischen Tafel (Fennosarmatia) müssen noch umfangreiche systematische Grundlagenforschungen durchgeführt werden. Dies gilt besonders für die Gliederung in tektonische Haupteinheiten und die Untersuchung der Möglichkeit des Auftretens von Kohlenwasserstoffansammlungen. Die von W. POŻARYSKI (1956) ausgeschiedenen Struktureinheiten sind in einem Teil des Territoriums als Ausgangskonzeption zu betrachten, die durch geologische Arbeiten dokumentiert werden muß. Bei einigen bis zum Jahre 1956 im Flachland durchgeführten Basisbohrungen wurden die Erdölprobleme nicht immer berücksichtigt, so daß manchmal nötige Angaben für die Methodik der Erdölprospektion fehlen.

Im zweiten Abschnitt der Prospektion sind spezielle Untersuchungen im Bereich bestimmter Gebiete durchzuführen. Um aus den regionalen Struktureinheiten die lokalen Strukturen für die folgenden speziellen Erkundungsarbeiten im dritten Abschnitt auszugliedern, werden gravimetrische und geomagnetische Spezialaufnahmen angewandt und auch das Vorhandensein etwaiger magnetischer Anomalien oder Tiefenkörper ermittelt und auf der Karte verzeichnet. Ferner werden radiometrische Regionalaufnahmen, seismische Regionaluntersuchungen sowie geologische Bohrungen (Strukturbohrungen für Kartierungszwecke) vorgenommen.

Zur Feststellung der Perspektiven bezüglich der Ölführung in den untersuchten Gebieten und der Ausscheidung von Zonen mit Kohlenwasserstoffvorkommen werden oberflächige geochemische Aufnahmen und elektrische Verfahren angewendet. Wie aus der Praxis der führenden Erdölländer, der UdSSR und der USA, hervorgeht, geben die den geologischen Verhältnissen entsprechend gewählten geochemischen Verfahren die besten unmittelbaren Hinweise für die Bewertung der höffigen Gebiete und Strukturen für die Erdölprospektion. Sie müssen unter genauer Berücksichtigung der Ergebnisse der geologischen und geophysikalischen Arbeiten des ersten und zweiten Abschnittes durchgeführt werden. Die Schlußfolgerungen könnten sonst den Charakter einer Improvisation haben oder gar zu phantastisch sein. In einigen Veröffentlichungen, z. B. von F. MITURA (1953) und J. GŁOGOCZOWSKI (1956, 1957), wurden die Grundzüge der geochemischen Verfahren und ihre Anwendung in Polen dargelegt.

Die oberflächigen geochemischen Aufnahmen des zweiten Prospektionsabschnittes sollten im Hinblick auf zwei Aufnahmetypen in zwei Etappen aufgeteilt werden: 1. die regionale Aufnahme und 2. die Spezialaufnahme. Die erste Aufnahme wird vor und die zweite nach den seismischen Regionaluntersuchungen durchgeführt.

In der ersten Etappe sollten möglichst Komplexaufnahmen (Gas-, Bitumen-, hydrochemische, mikrobiologische und radiometrische Methode) durchgeführt werden. Sie gestatten uns:

a) in Verbindung mit den Ergebnissen der geophysikalischen (gravimetrischen und geomagnetischen) Untersuchungen die Inventarisierung der Strukturen des tieferen Untergrundes und Deckgebirges in Gebieten von einheitlicherer Struktur und mächtiger quartärer Decke (J. STRZETELSKI, 1959);

b) eine mögliche Feststellung und Verfolgung der Migration und Diffusion von Kohlenwasserstoffen aus den Öl- und Gashorizonten und damit eine mögliche Ausscheidung von Zonen mit Kohlenwasserstoffvorkommen, deren Gebiet einen stark gestörten geologischen Bau aufweist und in denen die quartären Bildungen von sehr geringer Mächtigkeit sind.

Die obigen Arbeiten werden innerhalb des Gebietes einer Grundstruktureinheit nicht gleichzeitig durchgeführt, sondern der Reihe nach auf ihren größeren Abschnitten (z. B. die Gegend von Żółcza — J. GŁOGOCZOWSKI 1957).

In der zweiten Etappe werden oberflächige geochemische Spezialaufnahmen auf vorher ermittelten lokalen Strukturen (Antiklinalen, stratigraphischen Diskordanzen, Auskeilungen und lithologischen Änderungen) vorgenommen, die durch die geochemischen und geophysikalischen Arbeiten in der ersten Etappe als lokale Anomalien erfaßt wurden.

Die geochemischen Arbeiten dieser Etappe, die den ganzen, in der ersten Etappe gewählten geochemischen Methodenkomplex umfassen, bezwecken bei einer größeren Dichte der bis 50 m Teufe angesetzten Flachbohrungen, die nicht höffigen Strukturen auszuschalten oder sie auf den nächsten Untersuchungsabschnitt hinauszuschieben und die Gebiete mit geochemischen Anomalien für die spezielle Bearbeitung auszusuchen (J. STRZETELSKI 1955, J. GŁOGOCZOWSKI 1957).

Um die geochemischen Arbeiten der zweiten Etappe eingehender durchführen und dadurch sichere Schlüsse hinsichtlich der Bewertung der Perspektiven des untersuchten Gebietes ziehen zu können, sollten gleichzeitig oberflächige radiometrische und geoelektrische Methoden, insbesondere das Widerstandsverfahren, angewandt und ihre Ergebnisse zusammen interpretiert werden.

Die Anwendung der geochemischen Arbeiten im zweiten Abschnitt soll besonders hervorgehoben werden; denn bisher wurden sie in der VR Polen unterschätzt und ihre Ergebnisse bei der Vorprojektierung der Spezialarbeiten des dritten Abschnittes zu wenig berücksichtigt. Eine der Ursachen war, daß derartige Arbeiten territorial in sehr geringem Umfange als Versuche und nicht im industriellen Maßstab durch einige besondere geochemische Erkundungstrupps durchgeführt wurden, wie es für die statistischen Verfahren erforderlich ist. Denn jede geprüfte Methode liefert, falls sie entsprechend angewandt wird, im Rahmen des Möglichen gute Ergebnisse. Die Anwendung geochemischer Verfahren in der UdSSR zeigt dies deutlich.

Die komplexe Durchführung der speziellen Erkundungsarbeiten ist eine gute Vorbereitung für die Arbeiten im dritten Abschnitt. Das ist der einzige Weg, der zur Entdeckung neuer, wesentlich wertvollerer Horizonte führt. Ein Übergehen des zweiten Untersuchungsabschnittes wäre, hinsichtlich der wissenschaftlichen Methodik der Erdölprospektion, ein grundsätzlicher Fehler. Die in der Sowjetunion gewonnenen Erfahrungen und Beispiele sind sehr lehrreich (ALEKSIN 1959). Sogar die zufällige Entdeckung eines starken Erdöl- oder Erdgaszuflusses in einer Basis-, Struktur- bzw. Kartierungsbohrung ist noch kein Grund zur Unterlassung der Arbeiten des zweiten Abschnittes im benachbarten Gebiet; denn eine Bohrung, ja sogar der ganze Horizont gibt ohne eine regionale Untersuchung noch keine Grundlage für die Bewertung einer weiteren Erkundungsrichtung. Die Konzentration auf einem so abgesonderten Abschnitt ohne Erkundung der Hauptstruktureinheit wäre in einer sozialistischen Wirtschafts-

Arbeits-abschnitt	Aufgabe und Ziel der Arbeiten	Art der Arbeiten	Hauptergebnisse der Arbeiten
I	Grundlagenforschung zur Ermittlung des geologischen Baus und der Bedingungen für die Möglichkeit von Kohlenwasserstoffansammlungen im gegebenen Becken (Gebiet) bei Ausscheidung der regionalen Struktureinheiten	Geophysikalische (gravimetrische und magnetische) sowie morphologische Regionalaufnahmen. Basisbohrungen, Bemusterung der potentiell ölführenden Gesteine	Allgemeine Charakteristik des geologischen Baues u. der Entwicklungsgeschichte des Beckens (Gebiets). Bewertung d. allgem. regionalen Perspektiven der Bitumenführung der Beckenformationen und der Ausscheidung von Gesteinsserien in den regionalen Struktureinheiten. Karten u. Profile i. M. 1:500000 bis 1:1000000
II	Untersuchungsarbeiten zwecks Klärung des geologischen Baus der regionalen Struktureinheiten und Ausscheidung der Zonen, in denen Kohlenwasserstoffe auftreten, und der lokalen Strukturen		
	1. Etappe Untersuchungen im Bereich der regionalen tektonischen Einheit mit dem Ziel der Ausscheidung von Zonen und lokalen Strukturen, in denen ein Auftreten von Öl- und Gashorizonten möglich ist	Geologische Strukturaufnahmen, gravimetrische u. magnetische Spezialaufnahmen, radiometrische Regionalaufnahmen, oberflächige geochem. Regionalaufnahmen, geol. (Struktur-Kartierungs-)Bohrungen, Bemusterung der potentiell ölführenden Gesteine	Charakteristik d. geol. Baus u. d. Entwicklungsgeschichte d. regionalen Struktureinheiten. Ausscheidung v. Zonen, in denen Kohlenwasserstoffe auftreten und Registrierung lokaler Strukturen. Bewertung d. allg. Perspektiven d. Öl- u. Gasführung d. grundl. Struktureinheit. Karten u. Profile i. M. 1:100000 bis 1:300000
	2. Etappe Klassifikation der ausgeschiedenen lokalen Strukturen nach den Perspektiven der Öl- und Gasführung	Seismische Regionaluntersuchungen, oberflächige geochem. Spezialaufnahmen, genaue radiometrische u. elektr. (Widerstands-)Aufnahmen	Ermittlung lokaler Strukturen, in denen möglicherweise Öl- u. Gashorizonte d. Kategorie C_2 vorhanden sind, für weitere spezielle Erkundungsarbeiten. Karten u. Profile i. M. 1:50000 bis 1:100000
III	Such- und Erkundungsarbeiten auf lokalen Strukturen im Bereich öl- und gasführender Zonen mit dem Ziel der Entdeckung des Ölfeldes und Ausscheidung der Ölhorizonte		
	1. Etappe Die Vorbereitung der lokalen Strukturen für tiefe Aufschlußbohrungen	Seismische Spezialuntersuchungen u. genaue geol. Strukturaufnahmen, Struktur-Erkundungsbohrungen; geochem. Tiefenaufnahmen, Bemusterung der Horizonte mit Öl- und Gassymptomen	Charakteristik d. geol. Baues d. gegebenen Struktur u. d. Ausscheidung v. lokalen Formen, die für das mögl. Auftreten v. Ölhorizonten am günstigsten sind. Registrierung v. Perspektiven lokaler Öl- u. Gasführung auf Strukturabschnitten u. Ermittlg. v. Vorräten i. d. Kategorie C_1. Karten u. Profile i. M. 1:10000 bis 1:50000
	2. Etappe Bewertung der Möglichkeiten des Auftretens eines Ölfeldes mit Erdöl- und Gashorizonten	Aufschluß- und Erkundungsbohrungen, betriebsgeophysikalische Untersuchungen, Bemusterung der Öl- und Gashorizonte	Genaue geol. Charakteristik u. Bestimmung d. Ölfeld-Typs. Ausscheidung von einzelnen möglichen Öl- u. Gashorizonten. Einordnung d. Vorräte i. d. Kategorie B
IV	Erforschung der Horizonte zwecks Bewertung ihrer Ergiebigkeit und Vorrichtung für die Förderung	Erweiterungsbohrungen zwecks Umgrenzung der öl- u. gasführenden Horizonte, betriebsgeophysikalische Untersuchungen, Horizontproben, versuchsweise Ölförderung	Charakteristik d. Öl- und Gasspeichers u. Bestimmung d. Lagerstättentyps. Erkundung d. Größe, d. Ergiebigkeit u. anderer Lagerstättenverhältnisse. Einordnung d. Vorräte i. d. Kategorie A_2. Ansetzen des Netzes für die Produktionsbohrungen

ordnung falsch. Diese Methodik gehört zu den alten charakteristischen Methoden des kapitalistischen Wirtschaftssystems (ALEKSIN 1959). W. POŻARYSKI (1956) lehnt am Anfang seiner Arbeit derartige Methoden ebenfalls ab.

Die Ergebnisse des zweiten Untersuchungsabschnittes werden in Form von Teilarbeiten nach einer gewissen Etappe der geologischen Untersuchungen zusammengefaßt. Ferner wird eine synthetische Zusammenfassung unter Ausscheidung von lokalen Strukturen und Zonen, in denen Ansammlungen von Kohlenwasserstoffen möglich sind, vorgenommen (J. STRZETELSKI 1959). Die Bewertung der Perspektiven der Erdöl/Erdgasführung in den ausgewählten Gebieten erfolgt ebenfalls häufig in Verbindung mit den Ergebnissen des dritten Arbeitsabschnittes auf den lokalen Strukturen (F. MITURA 1957, A. TOKARSKI 1958b, Z. OLEWICZ 1958). Die Arbeiten des zweiten Abschnittes nach der in der Tabelle dargelegten Gliederung sind in Polen noch auf keiner der ausgeschiedenen tektonischen Haupteinheiten beendet und auf vielen im Plan vorgesehenen Einheiten noch nicht begonnen worden. Dies geht aus der Übersicht über die geologische Erkundung Polens hervor (Z. OBUCHOWICZ, Z. OLEWICZ, A. TOKARSKI, S. WDOWIARZ).

Der dritte Prospektionsabschnitt, der die speziellen Such- und Erkundungsarbeiten umfaßt, ist in zwei Etappen unterteilt. In der ersten Etappe werden die lokalen Strukturen für Aufschluß- und Erkundungsbohrungen vorbereitet. Auf Grund der Ergebnisse dieser Bohrungen wird in der zweiten Etappe die Höffigkeit des Gebietes eingeschätzt. Die Vorbereitung der Strukturen für die von der Industrie durchzuführenden Erkundungsarbeiten wird nicht auf allen vorhandenen Strukturen der tektonischen Haupteinheit ausgeführt, sondern nur auf solchen, die einen besonderen geologischen Bau besitzen und nach dem Ergebnis der vorausgegangenen Arbeiten die günstigsten Verhältnisse für die Entstehung und Erhaltung von Kohlenwasserstoffansammlungen aufweisen.

In der ersten Etappe werden seismische Spezialuntersuchungen und Strukturerkundungsbohrungen durchgeführt. Falls mit den seismischen Untersuchungen nur geringe Ergebnisse erzielt werden, ist es zweckmäßig, entsprechend den geologischen Verhältnissen, verschiedene geoelektrische Spezialuntersuchungsverfahren anzuwenden.

Die Strukturbohrungen sollten gleichzeitig für geochemische Tiefenaufnahmen auf der entsprechenden Struktur ausgenutzt werden. Wie aus den in der UdSSR und in den USA durchgeführten Untersuchungen hervorgeht, geben die Tiefenaufnahmen ein ausgezeichnetes Bild der eventuellen Öl- und Erdgasführung eines Gebietes. Dabei ist gleichzeitig eine Ergänzung der Korrelation der Gesteinshorizonte möglich. Als wichtigste Parameter sind der Gasgehalt, der Bitumengehalt, die Tiefenwässer und die Bakterien anzusehen.

In der zweiten Etappe werden Aufschlußbohrungen bis zur maximal erreichbaren Teufe und Erkundungsbohrungen niedergebracht, bei denen geophysikalische Untersuchungen angewandt und die Öl- und Erdgashorizonte getestet werden.

Als Ergebnis der Arbeiten des dritten Abschnittes wird der Typ des Ölfeldes bestimmt, wobei mögliche einzelne Öl- und Gashorizonte ausgeschieden werden und die Vorräte in die Industriekategorie B einzuordnen sind.

Im vierten Abschnitt werden zwecks eingehender Erforschung der Horizonte und zur Vorrichtung für die Exploitation Erweiterungsbohrungen zur Umgrenzung der Horizonte, geophysikalische Spezialuntersuchungen, Teste und Förderversuche durchgeführt.

Im Verlaufe der Arbeiten des vierten Abschnittes wird die Charakteristik des Speichers ermittelt, damit auf Grund der erkundeten Größe, des Lagerstättenregimes, der Ergiebigkeit und anderer Lagerstättenverhältnisse die Projektierung einer rationellen Förderung sowie die Einordnung der Vorräte in die Kategorie A_2 möglich sind. Mit den Ergebnissen des vierten Abschnittes wird die Prospektion auf Erdöl abgeschlossen. Nun folgt die Produktion mittels Produktionsbohrungen, was eine Übertragung der Vorräte aus der Kategorie A_2 in die Kategorie A_1 gestattet. Der Produktionsvorgang mit seinen umfangreichen Aufgaben wird hier nicht behandelt, da er nicht zu diesem Thema gehört.

Die obige Zusammenstellung der Untersuchungs- und Erkundungsarbeiten in jedem der vier erwähnten Abschnitte ist nicht für jedes Gebiet oder jede Struktur voll anwendbar; denn die Wahl und die Anwendungsmöglichkeit der Verfahren ändert sich entsprechend den geologischen Verhältnissen, die die Typen der Kohlenwasserstoffansammlungen bestimmen. Gleichzeitig sollten in dem entsprechenden Erkundungsabschnitt neue oder verbesserte Methoden angewandt werden. Doch sollte die Reihenfolge der gewählten Methoden in einem Gebiet in der obenbesprochenen Ordnung immer eingehalten werden; da nur die systematische Durchführung wissenschaftlicher Untersuchungsarbeiten, bei denen sich die Planung neuer geologischer Arbeiten auf die Ergebnisse der vorausgegangenen Arbeiten stützt, die Gewähr für die Erzielung maximaler Erfolge gibt.

Diese Grundlagen verlangen in Zukunft eine Arbeitsteilung und die Bestimmung der Aufgaben für die einzelnen, an der Prospektion teilnehmenden Institutionen sowie für das diese Arbeiten koordinierende Kollektiv. Dieses Kollektiv sollte die neuesten Ansichten über den geologischen Bau sowie die Perspektiven der Erdölführung bestimmter Gebiete beachten und, gestützt auf wissenschaftliche Erkenntnisse, die Richtlinien für die Erkundungsarbeiten festlegen.

In der UdSSR werden die zwei ersten Abschnitte von wissenschaftlichen Forschungsinstituten (WNIGRI und WNIGNI), dagegen der dritte und vierte Abschnitt von den Erdölbetrieben durchgeführt. In der VR Polen sollte die Arbeitsteilung auf dem Gebiet der Erdölerkundung den verfügbaren Mitteln und den Kadern der entsprechenden Institution angepaßt werden, wobei die 15jährige Erfahrung sowie die bisherigen Aufgaben der Institute zu beachten sind.

Die Grundlagenforschungen des ersten Abschnittes wurden von dem für derartige Arbeiten am besten vorbereiteten Geologischen Institut (IG), unter Mitarbeit des Staatlichen Betriebes für Geophysik (PPG), übernommen.

Die Untersuchungsarbeiten des zweiten Abschnittes sollten, sofern es sich um geologische und geophysikalische Arbeiten handelt, vom Geologischen Institut zusammen mit dem PPG, die über die erforderlichen Mittel verfügen, durchgeführt werden. Ob es angebracht wäre, auch die seismischen Regionaluntersuchungen dem Aufgabenbereich des IG und PPG zu überweisen, müßte man noch diskutieren. Dadurch könnte die Erdölindustrie durch Konzentration von Mitteln und Kadern der Erdölgeophysik für die beschleunigte Durchführung der speziellen seismischen, radiometrischen und elektrischen Untersuchungen entlastet werden.

Da das Erdölinstitut eine geochemische Spezialabteilung besitzt, sollten die geochemischen Untersuchungen des zweiten Prospektionsabschnittes die Hauptaufgabe ihres geologischen Mitarbeiterstabes sein. Auf Grund der geochemischen Untersuchungsergebnisse werden die Perspektiven der Erdölführung bewertet. Das Erdölinstitut ist in fachlicher Hinsicht auf die Durchführung derartiger Arbeiten vorbereitet. Bisher führte es diese jedoch nur in sehr geringem Umfange aus (sie hatten den Charakter von Versuchen). Den Grund dafür bildet die zahlenmäßig stark beschränkte geochemische Arbeitsgruppe des Erdölinstitutes. Zwecks Vergrößerung des Umfanges und der Leistung geochemischer Untersuchungen sollte die Tätigkeit der geochemischen Arbeitsgruppe des Instituts auf die Durchführung oberflächiger geochemischer Regionalaufnahmen beschränkt werden. Außerdem sollten zwei geochemische Arbeitsgruppen in den Geologischen Bohrbetrieben in Piła (Schneidemühl) und Jasło gebildet werden, deren Aufgabe die Durchführung oberflächiger geochemischer Spezialaufnahmen im zweiten und geochemischer Tiefenaufnahmen im dritten Prospektionsabschnitt wäre. Die Koordinierung der Arbeiten der geochemischen Betriebsgruppen sowie die wissenschaftliche Leitung — besonders bei der Auswertung der geochemischen Untersuchungsergebnisse, die eine Spezialausbildung und Erfahrungen bei der wissenschaftlichen Verknüpfung geochemischer, geophysikalischer und geologischer Tatsachen voraussetzen — sollte dem Erdölinstitut übertragen werden. Die oberflächigen, radiometrischen und elektrischen Untersuchungen im zweiten Prospektionsabschnitt sollten vom Betrieb für Geophysik der Erdölindustrie durchgeführt werden.

Für die speziellen Erkundungsarbeiten des dritten und vierten Prospektionsabschnittes sind ausschließlich die Geologischen Bohrbetriebe und der Betrieb für Geophysik der Erdölindustrie zuständig.

Die Koordinierung der Arbeiten der Betriebe, des Erdölinstituts und des Geologischen Instituts auf dem Gebiet der Erdölprospektion gehört zu den Aufgaben der Vereinigung der Erdölindustrie als desjenigen Organs, das gegenwärtig für die Erdöl- und Erdgaserkundung und -förderung in der VR Polen verantwortlich ist.

Zusammenfassung

Eine wichtige Voraussetzung für den planmäßigen und rentablen Verlauf geologischer Prospektionsarbeiten ist das Vorhandensein einer durchdachten Erkundungsmethodik. Der Verfasser gibt dafür ein auf Grund praktischer Erfahrungen gewonnenes prinzipielles Schema, das in vier Abschnitten (vgl. Tabelle) entsprechend den angewendeten Untersuchungsverfahren immer detailliertere Ergebnisse bringt.

Summary

The existence of a well-weighed exploration methodic is an important presumption for systematic and profitable geological prospecting. Practical experiences of the author have resulted in the establishment of a basic scheme which, according to the methods of investigation adopted, in four sections (cf. table) allows a determination of more and more detailed results.

Резюме

Важной предпосылкой для планомерного и рентабельного проведения геологических поисковых работ является наличие продуманной методики разведки. Автор приводит принципиальную схему, основывающуюся на практическом опыте. В четырех разделах этой схемы (см. таблицу), согласно применяемым методам разведки, получаются все более детальные результаты.

Literatur

ALEKSIN, A. G.: Zur Frage der Klassifikation der Kategorien der Erdöl- und Gasansammlungen. – Sowjetskaja Geologija, Nr. 57, 1957.
– Über das prinzipielle Schema der Methodik der Prospektion und Erkundung auf Erdöl- und Gasanreicherungen. – Geologija nefti i gaza, Nr. 4, 1959.
DADLEZ, R.: Die Richtungen der Erkundungen auf Erdöl im Mesozoikum Norddeutschlands. – Przegl. Geol., Nr. 6, 1959.
GLOGOCZOWSKI, J.: Neue Prospektionsverfahren auf Erdöl. – Poln. Naturkd. Ges., Problemhefte „Kosmos", H. 7, Warszawa 1956.
– Die bisherigen Ergebnisse der angewandten geochemischen Verfahren bei Prospektionen auf Erdöl in Polen. – Poln. Akad. d. Wiss., Mineralog. Arch., Bd. 20, H. 1 u. 2, Warszawa 1957.
Material für die Allunionsberatung über die Methodik der geologischen Such- und Erkundungsarbeiten beim Ministerium für Erdölindustrie. – WNIGNI, 1956.
MITURA, F.: Neue geochemische Verfahren bei den Prospektionen auf Erdöl. – Przegl. Geol., Nr. 3, 1953.
– Die Perspektiven der Gasführung des oberschlesischen Kohlenbeckens in Polen. – Z. angew. Geol., Bd. 3, H. 10, 1957.
OBUCHOWICZ, Z.: Die Prospektionen auf Erdöl- und Gaslagerstätten im polnischen Flachland nach dem Perspektivplan 1958–1975. – Arch. S. B. Erdölerkundungen, Kraków 1958.
OBUCHOWICZ, Z., Z. OLEWICZ, A. TOKARSKI & S. WDOWIARZ: Der gegenwärtige Stand der geologischen Erkundung und die Möglichkeiten der Entdeckung neuer Erdöl- und Gashorizonte in Polen. – Nafta, Nr. 4, 1959.
OLEWICZ, Z. R.: Die Sedimentations- und Strukturbecken in polnischen Ländern. – Archiv d. Erdölinstituts, Kraków 1957.
– Die Perspektiven der Erdölführung in der Gegend von Inowrocław im Lichte neuerer Untersuchungen. – Arbeiten des Erdölinstituts, Nr. 56, Katowice 1958.
POŻARYSKI, W.: Die Einteilung Polens nach geologischen Strukturen als Grundlage für die Untersuchungen. – Przegl. Geol., Nr. 6, 1956.
– Die Südwestkante von Fennosarmatia. – Kwartalnik Geologiczny, Bd. 1, Nr. 3–4, 1957.
STRZETELSKI, J.: Die Ergebnisse und die Interpretation der geochemischen Versuchsuntersuchungen. – Arbeiten des Erdölinstituts, Nr. 40, Katowice 1955.
– Die Struktureinheiten und die Perspektiven der Erdölführung zwischen Gdańsk und Koszalin in Pommern nach Daten der hydrochemischen und geophysikalischen Untersuchungen. – Nafta, Nr. 7/8, 1959.
TOKARSKI, A.: Die Aufgabe der Bohrung Mogilno 1 hinsichtlich der Erkundungen. – Nafta, Nr. 1, 1958 (1958a).
– Über die Strukturtypen des metakarpatischen Walls. – Kwartalnik Geologiczny, Bd. 2, Nr. 4, 1958 (1958b).
ZIELIŃSKI, J. J.: Die Einteilung und Charakteristik der Bohrungen vom geologischen Standpunkt aus gesehen. – Nafta, Nr. 2, 1958.

Mineralogische Untersuchungen des Phosphatkalks von Dukaj bei Tepelene (Albanien)

RENATE ORTMANN, Halle (Saale)

Im Verlauf der Untersuchungsarbeiten der deutschen Geologenexpedition der Staatlichen Geologischen Kommission in der Volksrepublik Albanien während der letzten Jahre wurden u. a. Phosphatlagerstätten erkundet. Es handelt sich um Phosphatkalke, die in Sedimenten der Oberkreide im Bereich der Grenze zwischen Hornsteinplattenkalken und Rudisten-Nummulitenkalk auftreten. Die mehrere hundert Meter mächtige Jura-Kreide-Serie ist vor allem in Südalbanien bis nach Griechenland hinein verbreitet. Sie tritt in NW–SE streichenden Antiklinalen, die durch Flyschmulden voneinander getrennt werden, zutage. Die Mächtigkeit des phosphatführenden Horizontes beträgt im allgemeinen einige Meter und übersteigt selten 25 Meter. Eines der Vorkommen ist in der Nähe von Dukaj bei Tepelene (etwa 50 km südöstlich Vlora) am NE-Rand des Kurveleshplateaus in einem Wasserriß angeschnitten. Der gebänderte Phosphatkalk dieses Vorkommens wurde einer petrographischen Bearbeitung unterzogen, wobei das Phosphatmineral näher erfaßt wurde.

Die phosphatführenden gebänderten Partien des Profils Dukaj bei Tepelene bestehen aus einem makroskopisch dichten, grauweißen Kalkstein, in den etwas dunklere, bräunlichgraue, bis zu 5 mm mächtige Phosphatschichten eingelagert sind. Bereits bei der makroskopischen Betrachtung läßt sich aus der Farbverteilung erkennen, daß die Phosphatlagen im Liegenden häufig mit scharfer Grenze einsetzen und durch allmähliche Zunahme von Karbonat kontinuierlich in normalen Kalkstein übergehen (Abb. 1).

Durch mikroskopische Untersuchung wird dieser Sachverhalt bestätigt (Abb. 2).

Im Gegensatz zum makroskopischen Erscheinungsbild ist das Phosphat u. d. M. hell, das Karbonat in den feinkörnigen Lagen dunkel. Die Ursache der starken Lichtabsorption des Karbonates im Dünnschliff ist vermutlich im Zusammenwirken seiner geringen Korngröße mit der hohen Doppelbrechung des Kalzits bei unterschiedlicher Orientierung der Einzelkörnchen zu suchen. Die gröber kristallisierten Partien, wie die Organismenreste, erscheinen wiederum hell.

Die mikroskopische Untersuchung ergab, daß die untersuchten Phosphatkalke fast ausschließlich aus feinverteiltem Karbonat und Phosphat bestehen. Durch Anfärbeverfahren (alizarinsulfosaures Natrium und p-

Abb. 1. Gebänderter Phosphatkalk, Anschliff

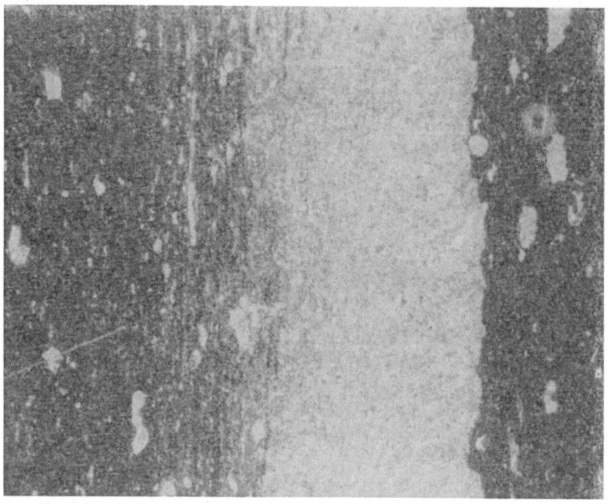

Abb. 2. Gebänderter Phosphatkalk. Dünnschliff. (Das Phosphat ist dunkel, der Kalzit hell.) Nicols, Abbildungsmaßstab 120:1

Nitrobenzolazoresorzin, KNAUER 1957) wurde die Hauptmasse des Karbonats als Kalzit bestimmt, während Dolomit nur in Spuren nachgewiesen wurde. Klastischer Quarz fehlt fast völlig, tonige Beimengungen sind sehr gering.

Der Kalzit tritt im allgemeinen in Korngrößen von einigen μ, bisweilen auch unter 1 μ auf. Nur in umkristallisierten Fossilschalen (Foraminiferen) und linsenförmigen Aggregaten (Bruchstücke von Fossilschalen?) erreicht der Kalzit bis zu 50 μ. Das Phosphat ist gleichfalls sehr feinkörnig ausgebildet. Beide Komponenten sind sehr eng miteinander verwachsen (Abb. 3).

Eine saubere Abtrennung des Phosphats ist daher auf mechanischem Wege nicht zu erreichen.

Die Phosphatkomponente

Die Untersuchung der Phosphatmineralien aus Phosphatgesteinen macht einerseits wegen der geringen Korngrößen, andererseits wegen der weitgehenden isomorphen Vertretbarkeit innerhalb der Apatitgruppe Schwierigkeiten.

Im Dünnschliff ist das Phosphatmineral schwach gelblich bis farblos. Es tritt in durchschnittlich 5 μ großen, sehr gering doppelbrechenden Aggregaten auf, die aus feinsten Fasern zu bestehen scheinen. Bei etwas gröberer Ausbildung sind Sphärolithe zu erkennen. Die Lichtbrechung variiert in geringem Bereich. Mit Hilfe der Immersionsmethode wurde der Brechungsquotient im Pulverpräparat zu $1{,}592-1{,}597_{Na}$ bestimmt. Auf Grund der für ein Mineral der Apatitgruppe niedrigen, dabei variablen Lichtbrechung kommt nach WINCHELL (1956) nur Kollophan ($n = 1{,}57-1{,}63$) in Frage.

Die Zugehörigkeit zur Apatitgruppe wurde auch röntgenographisch nachgewiesen. An Hand von DEBEY-SCHERRER-Aufnahmen wurden die Netzebenenabstände der stärksten Linien bestimmt und mit den Werten des X-ray-Powder Data File verglichen (Tab. 1).

Am besten stimmen die Werte mit denen für Francolit (Karbonatfluorapatit) und Hydroxylapatit überein. Leider läßt sich eine exakte Identifizierung nicht durchführen, da bisher systematische röntgenographische Untersuchungen der Apatitgruppe fehlen. Zwar unterscheiden sich die Gitterkonstanten der einzelnen Glieder der Apatitgruppe, wie ALTSCHULER, CISNEY & BARLOW (1953) zeigen konnten, hinreichend voneinander, es

Tab. 1. Netzebenenabstände d in Å (mit den dazugehörigen relativen Intensitäten s/s_1)

Röntgenahme: H. SEYFERT
Kameraradius 114,6 mm; Fe-Strahlung

Phosphat Albanien		Francolit		Hydroxylapatit	
d	s/s_1	d	s/s_1	d	s/s_1
3,46	21	3,44	10	3,44	29
3,05	43	3,05	30	3,08	21
2,80	100	2,79	100	2,79	100
2,70	57	2,69	60	2,72	62
2,64	50	2,62	30	2,63	31
2,25	36	2,24	20	2,27	19
1,93	21	1,93	30	1,94	18
1,88	21	1,88	10	1,88	12
1,85	21	1,84	30	1,84	31
1,80	21	1,80	20	1,80	20

ist jedoch eine Genauigkeit erforderlich (0,001 Å), die mit den uns zur Verfügung stehenden Mitteln nicht erreichbar war.

Der Aussagewert der chemischen Analyse für die Identifizierung des Phosphatminerals ist gleichfalls begrenzt, da das Phosphat nicht isoliert werden konnte und folglich der Phosphatkalk insgesamt analysiert wurde. Es ist daher nicht möglich, aus den Phosphatkalkanalysen (Tab. 2) die vollständige Formel des Phosphatminerals zu berechnen, wohl aber können die P_2O_5-, F- und Cl-Werte dazu dienen, auf die Zusammensetzung des Phosphatminerals hinsichtlich dieser Komponenten zu schließen, da diese Elemente nur in Phosphaten gebunden vorliegen dürften.

Tab. 2. Chemische Zusammensetzung albanischer Phosphatkalke

Analytiker: E. WOHLMANN 1958

Analyse Nr.	1	2
SiO_2	0,43	0,49
Al_2O_3	0,71	2,23
Fe_2O_3	0,29	0,29
MgO	0,46	0,23
CaO	53,55	53,96
H_2O	0,13	0,12
Glühverlust	23,36	23,40
P_2O_5	20,29	19,12
F	0,12	0,08
Cl	0,02	0,04
Summe:	99,36	99,96

P_2O_5, CaO, Glühverlust, F und Cl wurden auf Apatit und Kalzit umgerechnet. Der Berechnung des Apatits liegt die allgemeine Formel $9\,CaO \cdot 3\,P_2O_5 \cdot CaX_2$ [$X_2 = Cl_2$, F_2, $(OH)_2$] zugrunde. Als Ausgangspunkt dienen die P_2O_5-Werte. Da die optischen und röntgenographischen Untersuchungen ein Mineral der Apatitgruppe nachgewiesen haben, wird das gesamte P_2O_5 auf Apatit umgerechnet. In Analyse 1 werden für 20,29 Gew.% = 142,9 Teile P_2O_5, 47,6 Teile eines zweiwertigen oder 95,2 Teile eines einwertigen Anions benötigt. Vorhanden sind jedoch nur 0,3 Teile Cl und 6,3 Teile F; die restlichen 44,3 = 93,1% der benötigten zweiwertigen Ionen müssen als CO_2 und $(OH)_2$ aus dem Glühverlust abgedeckt werden. In welchem Verhältnis CO_2 und $(OH)_2$ im Phosphatmineral zueinander stehen, ist aus der chemischen Gesamtanalyse nicht zu ermitteln, da keine CO_2-Bestimmung durchgeführt wurde. In der Rechnung wurde der gesamte Betrag als CO_2 eingesetzt. Rechnet man das restliche CaO als $CaCO_3$ auf, so ergibt sich ein Überschuß von 1,27 Gew.%, der als Wasser aufgefaßt werden könnte. Entsprechend liegen die Verhältnisse bei Analyse 2. Hier werden für 19,12 Gew.% P_2O_5 = 134,5 Teile P_2O_5 44,8 Mole zweiwertiger Anionen benötigt. Das zur Verfügung stehende Cl liefert jedoch nur $1{,}1 \times 0{,}5$ und das F $4{,}2 \times 0{,}5$ Mole, das sind 5,9%. Die restlichen 94,1% müssen wiederum vom

Glühverlust abgezogen werden. Nach Berechnung des $CaCO_3$ entsteht ein geringer Fehlbetrag von 0,36 Gew.%. Die geringen Beträge für SiO_2, Al_2O_3, Fe_2O_3 und MgO, die unberücksichtigt bleiben, haben sicher keinen Einfluß auf diese Erwägungen. Chemisch ist das Phosphat demnach ein Karbonathydroxylapatit mit geringem F- und noch geringerem Cl-Gehalt und gewissen Mengen Absorptionswasser. Das Verhältnis von F_2, Cl_2 und $[(OH)_2, CO_2]$ ist mit Hilfe der Molprozente im Diagramm Abb. 4 dargestellt.

Nach den mitgeteilten Daten handelt es sich bei der Phosphatkomponente des Phosphatkalks von Dukaj bei Tepelene um ein Mineral der Apatitgruppe, und zwar kommt wegen des niedrigen Brechungsindexes und der kryptokristallinen Ausbildung Kollophan in Frage.

Der Name Kollophan wurde zum ersten Male von SANDBERGER 1870 für einen „opalähnlichen amorphen" Karbonathydroxylapatit von Sombrero in Westindien verwendet. Nachdem in neuerer Zeit die Röntgenanalyse in die Untersuchungen einbezogen wurde, stellte sich heraus, daß die meisten der als Kollophan angesprochenen Varietäten aus feinkörnigen, kristallinen Aggregaten eines Karbonathydroxylfluorapatits bestehen (FRONDEL 1943, DUNHAM, CLARINGBELL & BANNISTER 1948). Den niedrigen und variablen Brechungsindex führte FRONDEL (1943) auf wechselnde Mengen an Absorptions- und Kapillarwasser zurück. FRONDEL behält trotzdem den Terminus Kollophan als Varietätsbezeichnung für feinkörnigen, metakolloidalen Apatit bei, während MCCONNELL (1950) ihn nur für den Fall vorsieht, wo das kryptokristalline Apatitmineral nicht näher bestimmt wurde.

Die Röntgenaufnahmen des untersuchten albanischen Phosphats weisen eindeutig die kristalline Phase nach. Ferner kann aus den Daten abgeleitet werden, daß CO_2 wesentlich am Aufbau des Apatits beteiligt sein muß, was durch die chemische Analyse gestützt wird. Auf Grund des geringen F- und Cl-Gehaltes ist auf weitgehenden Ersatz durch CO_2 und $(OH)_2$ zu schließen. Mineralogisch kann also das Phosphat aus den Phosphatkalken von Dukaj als Kollophan im Sinne FRONDELs bezeichnet werden. In seiner chemischen Zusammensetzung kommt es dem Dahllit (Karbonathydroxylapatit) nahe.

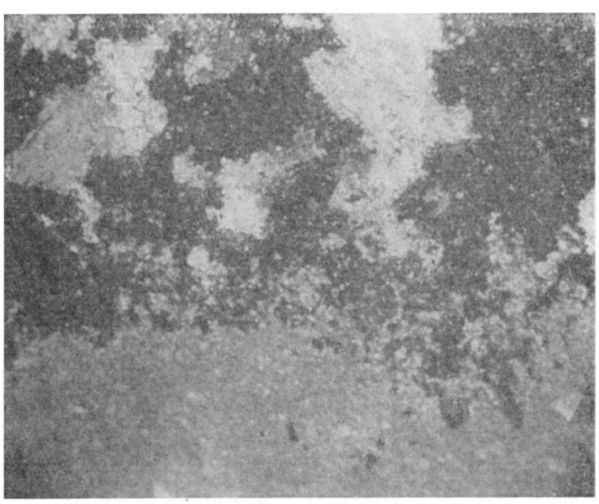

Abb. 3. Gebänderter Phosphatkalk. Dünnschliff. 1 Nicol, Abbildungsmaßstab 10:1

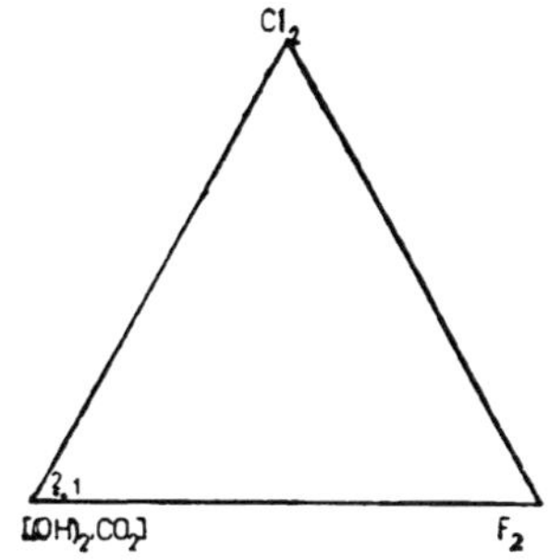

Abb. 4. Zusammensetzung des albanischen Phosphats, dargestellt am Verhältnis F_2, Cl_2 und $[(OH)_2, CO_2]$ (in Mol.%)

Zur Genese der Phosphatkalke von Dukaj

Die Entstehung sedimentärer Phosphatlagerstätten ist ein lebhaft diskutiertes Problem. Es sind zahlreiche Theorien aufgestellt worden, von denen ein Teil jetzt nur noch von historischem Interesse ist. Zwar können auch heute noch keine exakten Aussagen über das Verhältnis der Beteiligung organischer und anorganischer Prozesse bei der Ausfällung von Phosphaten gemacht werden. Jedoch hat man in neuerer Zeit erkannt, daß vor allem die anorganisch-chemische Ausfällung bei der Bildung mariner Phosphatlagerstätten ausschlaggebend ist. KASAKOW (1937) wies als erster auf die große Bedeutung anorganischer Prozesse hin und entwickelte mit Hilfe physikochemischer Überlegungen bis ins einzelne gehende Vorstellungen über die Vorgänge, die zur Konzentration von Phosphor führen.

KASAKOW (1937) stellte fest, daß sich die Phosphoritfazies nur in marinen Ablagerungen bei normalem Salzgehalt bildet und eine ganz bestimmte Position zwischen Flachwassersedimenten und Tiefseesedimenten einnimmt. Dabei ist zwischen Plattformfazies, die durch Phosphoritkonkretionen in Verbindung mit klastischem Material und Glaukonit charakterisiert wird, und Geosynklinalfazies, die vor allem schichtige Phosphate in Verbindung mit Kalken zeigt, zu unterscheiden. Die Qualität der gebildeten Phosphate hängt wesentlich von der Menge des gleichzeitig sedimentierten klastischen Materials ab. Die P_2O_5-reichsten Phosphatgesteine bilden sich nach Transgressionen, wenn das Relief des benachbarten Festlandes so weit eingeebnet ist, daß nur noch die chemische Abtragung zur Wirkung gelangt.

Als Phosphorreservoir ist nach KASAKOW das Meerwasser anzusehen. Wie auch DIETZ, EMERY & SHEPARD (1942) annehmen, ist das Meerwasser in Tiefen von mehreren hundert Metern im wesentlichen an Kalziumphosphat gesättigt. Maßgebliche Faktoren für die Ausfällung von Phosphat sind p_H-Wert und CO_2-Partialdruck. Da die Löslichkeitskurven des Kalziumphosphats und des Kalziumkarbonats in Abhängigkeit vom p_H-Wert etwa parallel gehen, das Kalziumphosphat jedoch wesentlich geringer löslich ist als das Karbonat, setzt im offenen Meer eine Fällung von Karbonat mit wenig Phosphat ein. Zu einer stärkeren Ausfällung von Phosphat kommt es dagegen erst dann, wenn tiefe, kalte Bodenströme das Meerwasser in ein höheres Niveau mit steigendem p_H-Wert und fallendem CO_2-Druck transportieren. Die chemische Ausfällung des Kalziumphosphats findet nach KASAKOW in Meeresbecken mit freiem Zugang zum offenen Ozean im Schelfbereich von 50 bis 200 m Tiefe (Schelf im geographischen Sinne) statt.

Nach der Struktur und der Textur der Phosphatkalke von Dukaj scheiden sowohl organische Entstehung als auch klastische Herkunft aus. Die schichtige Textur und die feine Verteilung von Karbonat und Phosphat deuten vielmehr auf chemische Fällung. Die Dukajer Phosphatkalke lassen sich also petrographisch mit den Geosynklinalphosphaten KASAKOWs vergleichen. Weiterhin besteht in der geologischen Situation mit dem KASAKOWschen Bild Übereinstimmung, indem es sich auch hier um relativ küstennahe Flachwasserbildungen handelt. Das geht einerseits aus den beobachteten Pflanzeneinschwemmungen und andererseits aus der lokal begrenzten Verbreitung der Phosphate und ihrer auf kurze Entfernung wechselnden Ausbildung hervor.

Die von KASAKOW entwickelte Theorie fand die Zustimmung vieler moderner Bearbeiter mariner Phosphatlagerstätten, wenn sie auch in Einzelheiten etwas modifiziert wurde. Dies zeigen u. a. die Veröffentlichungen der XIX. Sektion des Internationalen Geologenkongresses 1952 in Algier, die den Phosphatlagerstätten gewidmet war. MCKELVEY, SWANSON & SHELDON (1953) konnten die Anwendbarkeit dieser Theorie für die geologisch sehr gut bekannten permischen Phosphatlagerstätten im Westen der USA bestätigen, nehmen für den Bildungsraum der Phosphorite allerdings eine Tiefe von 200—1000 m an. ROGERS, AMEZCUA & ULLOA (1953) beziehen sich bei der Deutung der mexikanischen Lagerstätten von Zacatecas ebenfalls auf KASAKOW. Ohne Kenntnis der KASAKOWschen Arbeiten kamen RUBEY (1940) (zitiert in MCKELVEY u. a. 1953) und CHARLES (1953) zu ähnlichen Hypothesen. MCKELVEY u. a. (1953) sowie CHARLES (1953) messen jedoch dem Phytoplankton eine größere Bedeutung bei. Daß das Problem der Entstehung sedimentärer Phosphatlagerstätten noch nicht völlig gelöst ist, zeigt eine Reihe neuester sowjetischer Veröffentlichungen, in denen gegen die Arbeiten KASAKOWs polemisiert wird (siehe RUSINOW 1956). In den meisten Fällen erfolgt dies unter Beibehaltung der KASAKOWschen Grundkonzeption mit der Zielsetzung, die einzelnen Bedingungen, die zur Phosphatausfällung führen, genauer als bisher zu erfassen. SMIRNOW (1958, dort weitere Literaturangaben) nahm die KASAKOWschen Experimente im System $CaO-P_2O_5-H_2O$ wieder auf, arbeitete aber nicht mit destilliertem Wasser wie KASAKOW, sondern mit einer 3,5%igen NaCl-Lösung, was den Verhältnissen im Meerwasser besser entspricht. Dabei stellte er fest, daß die Reaktionen bei Gegenwart von NaCl anders verlaufen als in destilliertem Wasser und recht kompliziert sind, da eine Reihe verschiedener Phasen, z.B. Hydroxylapatit, Karbonatapatit, Fluorapatit, auftreten.

SMIRNOW zieht aus den bisherigen Resultaten den Schluß, daß das Meerwasser in allen Tiefen nahezu an Phosphat gesättigt ist. Bei Einführung von CO_2 in das System $CaO-P_2O_5-NaCl-H_2O$ erhielt er auch in seinen Versuchen — wie KASAKOW angenommen hatte — eine deutliche Zunahme der Löslichkeit des P_2O_5, offenbar unter Bildung eines komplexen Phosphatkarbonat-Anions. Dennoch bleibt abzuwarten, wieweit die KASAKOWschen Vorstellungen zu modifizieren sind, da die Mitteilung der gesamten Ergebnisse dieser neuen Experimente noch aussteht.

Diese Erwägungen, die an Hand des Beispiels des Phosphatkalkes von Dukaj angestellt wurden, sollen jedoch keinesfalls die Ergebnisse der geologischen Bearbeitung vorwegnehmen. Eine sichere Aussage ist, wenn überhaupt, nur unter Berücksichtigung aller Faktoren, welche die komplexe geologische Erforschung liefert, zu machen.

Zusammenfassung

Die Ergebnisse optischer, röntgenographischer und chemischer Untersuchungen der Phosphatkomponente aus schichtigen Phosphatkalken der Oberkreide von Dukaj bei Tepelene werden mitgeteilt. Nach den erhaltenen Daten liegt das Phosphat als Kollophan, genauer als kryptokristalliner Karbonathydroxylapatit vor.

Die Arbeit beschließt eine kurze Diskussion über die Genese dieser Phosphatkalke.

Резюме

Приводятся результаты оптических, рентгенографических и химических исследований фосфата, являющегося составной частью напластованных фосфатных известняков верхнего мела в районе Дукая возле Телепене. Судя по результатам исследований, этот фосфат является коллофаном, вернее криптокристаллическим апатитом гидрокарбоната. В конце работы приводится короткий перечень мнений о происхождении этого фосфатного известняка.

Summary

Results are given which were obtained by optical, X-ray, and chemical investigations of the phosphate component of phosphatic limestones arranged in layers of the Upper Cretaceous at Dukaj near Tepelene. The data obtained show that the phosphate appears as collophane, and more exactly as cryptocrystalline carbonate hydroxyl apatite.

The paper concludes with a short discussion of the genesis of these phosphatic limestones.

Literatur

ALTSCHULER, L. S., E. A. CISNEY & J. H. BARLOW: X-ray evidence of the nature of carbonate-apatite. — Congr. Geol. Intern., vol. 11, Sess. 19, S. 9, 1953.

CHARLES, G.: Sur lórigine des gisements de phosphates de chaux sédimentaire. — Congr. Geol. Intern., voll. 11, Sess. 19, S. 163—182, 1953.

DIETZ, R. S., K. O. EMERY & F. P. SHEPARD: Phosphorit Deposits on the Sea Floor of Southern California. — Bull. Geol. Soc. Amer., 53, S. 815, 1942.

DUNHAM, K. C., G. F. CLARINGBULL & F. A. BANNISTER: Dickite and Collophane in the Magnesium Limestone of Durham. — Miner. Mg., XXVIII, S. 338—342, 1948.

FRONDEL, C.: Mineralogy of the Calciumphosphates Insular Phosphate rocks. — Amer. Miner., 28, S. 215—232, 1943.

KASAKOW, A. W.: Phosphoritfazies und Genese der Phosphorite. — Arbeiten des Wiss. Forsch.-Inst. Düngemittel, Insekten- und Pilzbekämpfung, Moskau, Nr. 147, 1937.

KNAUER, E.: Geländemethoden zur Unterscheidung von Kalzit und Dolomit (Tüpfelreaktionen). — Z. angew. Geol., 3, S. 35, 1957.

MCKELVEY, V. E., R. W. SWANSON & R. P. SHELDON: The Permian Phosphorit Deposits of Western United States. — Congr. Geol. Intern., 11, Sess. 19, S. 45—64, 1953.

MCCONNELL, D.: The Petrography of Rock Phosphates. — Journ. Geol., 58, S. 16—23, (1950).

ROGERS, C. L., E. TAVERA AMEZCUA & S. ULLOA: Los depositos fosforiticos de la region de Conception del Oro y Mazapil, Zacatecas, Mexico. — Congr. Geol. Intern., 11, Sess. 19, S. 33—43, 1953.

RUSINOW, L. A.: Neue Aussichten über die Bedingungen der Phosphoritbildung. — Trud. Moskow. Geol.-raswed. Inst. XXIX, S. 112—117, 1956.

SANDBERGER, P.: Über zwei neue Phosphate. — Neues Jb. Min. Geol. Paläont. S. 306—310, 1870.

SMIRNOW, A. N.: Zur Frage der Phosphoritbildung. — Doklad. Akad. Nauk SSSR, 119, S. 745—748, 1958.

WINCHELL, A. N. & H. WINCHELL: Elements of Optical Mineralogy. Part. II. — New York, John Wiley & Sons, Inc., 1956.

X-ray Powder Data-File: Index 1957, Baltimore.

Die Metallogenie der Erzbezirke als neue Richtung der metallogenetischen Untersuchungen[1)]

J. A. RADKEWITSCH

Einleitung

In allen Gebieten der Sowjetunion wurden in den letzten Jahren die metallogenetischen Untersuchungen in verstärktem Maße durchgeführt. Das bei der Untersuchung der erzführenden Territorien gesammelte Material wurde dabei in erster Linie zur Anfertigung metallogenetischer Karten verwandt.

Diese Karten werden von den verschiedenen Wissenschaftlern auf unterschiedliche Art zusammengestellt, da bisher keine einheitlichen Richtlinien für die Erarbeitung metallogenetischer Karten vorhanden sind. Es ist nicht übertrieben, wenn wir sagen, daß sich die Zahl der Typen metallogenetischer Karten mit der Zahl ihrer Autoren deckt. Unter den vielen Kartentypen kann man aber zwei Hauptgruppen unterscheiden.

Zur ersten Gruppe gehören die Karten des WSEGEI. Sie werden nach den gut ausgearbeiteten Richtlinien J. A. BILIBINs unter Anwendung neuer Kartierungsmethoden zusammengestellt. Bekanntlich wird auf diesen Karten vor allem zwischen Gesteins- und Lagerstättenkomplexen unterschieden, die den aufeinanderfolgenden Entwicklungsetappen der erzführenden Territorien entsprechen. Dadurch unterscheiden sie sich wesentlich von den üblichen geologischen Karten.

Zur zweiten Gruppe gehören die Karten der nutzbaren Bodenschätze mit vereinfachter Darstellung der Geologie, wobei neben den Signaturen der gewöhnlichen geologischen Karte auch andere Signaturen zur Darstellung der entsprechenden Erzvorkommen verwendet werden. Verschiedene Varianten dieser Karten werden in vielen geologischen Verwaltungen des Ministeriums für Geologie und Lagerstättenschutz angefertigt. Die am besten ausgearbeiteten Karten wurden jedoch im GIN der Akademie der Wissenschaften der Kasachischen SSR unter Leitung von K. J. SATPAJEW für Kasachstan und im IGEM der Akademie der Wissenschaften der UdSSR für das fernöstliche Küstengebiet angefertigt.

Diese beiden Richtungen bei der Herstellung metallogenetischer Karten entwickeln sich nebeneinander, bisweilen sogar ergänzen sie einander, z. B. im Kaukasus und im Fernen Osten. In anderen Fällen beginnen die Vertreter dieser Richtungen erbitterte Streitigkeiten, wie das zwischen den Lagerstättenkundlern Kasachstans und des WSEGEI der Fall ist.

Die Lagerstättenkundler des WSEGEI sind der Meinung, daß die auf einer gewöhnlichen geologischen Unterlage angefertigten Karten bestimmte theoretische Prinzipien vermissen lassen. Solche Karten sind ihrer Ansicht nach keine metallogenetischen Karten, sondern registrierende, empirische Karten und bestenfalls kann man sie als Karten der nutzbaren Bodenschätze oder als prognostische Karten bezeichnen.

Umgekehrt vertreten die Anhänger der kritisierten Richtung die Ansicht, daß die im WSEGEI angefertigten Karten nicht die gesamte Vielfalt der metallogenetischen Elemente widerspiegeln und für Prognosen nicht ausreichen. Wahrscheinlich sind für die verschiedenen Typen der Untersuchung unterschiedliche Typen von Karten erforderlich.

Die Karten des WSEGEI, die in der Tat für die Darstellung allgemeiner Fragen der Metallogenie und der Entwicklungsgeschichte der erzführenden Territorien sehr interessant sind, entsprechen nicht immer vollständig den Anforderungen für detaillierte Prognosen bei den Sucharbeiten. Daher ist neben der Zusammenstellung der Karten vom Typ WSEGEI auch die Durchführung anderer metallogenetischer Untersuchungen für die Zusammenstellung detaillierter Karten, die das gesamte Tatsachenmaterial widerspiegeln, erforderlich.

Derartige verhältnismäßig detaillierte Karten geben trotz ihres scheinbar „empirischen Charakters" die Gesetzmäßigkeiten der Verteilung der nutzbaren Bodenschätze wider, und man kann sie deshalb ebenfalls als metallogenetische oder mineralgenetische Karten bezeichnen.

Die intensiven metallogenetischen Untersuchungen haben auch gezeigt, daß z. B. der Begriff der großen Gürtel oder der strukturell-metallogenetischen Zonen bereits nicht mehr ausreicht. Es ist erwiesen, daß sich die verschiedenen Bereiche dieser Zonen oder Gürtel voneinander sowohl in geologischer als auch in metallogenetischer Hinsicht unterscheiden. Sie können durch die Gesetzmäßigkeiten der Verteilung der Lagerstätten charakterisiert werden, wobei verschiedenartige Mineralisationstypen auftreten können. Daher müssen bei der geologischen Erkundung dieser Vorkommen unterschiedliche Untersuchungsmethoden angewendet werden.

Die weiteren metallogenetischen Untersuchungen beschäftigen sich daher nicht so sehr mit den allgemeinen Zügen der großen Zonen erster Ordnung als vielmehr mit der Feststellung der spezifischen Unterschiede ihrer einzelnen Teile.

In den letzten Jahren entstand die spezielle Richtung der Untersuchung der Strukturen von Erzfeldern und ihrer Bedeutung für die Lokalisierung der Vererzung. Diese Arbeitsrichtung (wenn man von ihrer Bedeutung für die Lagerstättenbildung sprechen will) weist jedoch den wesentlichen Mangel auf, daß sie meistens losgelöst von den regional-metallogenetischen Untersuchungen durchgeführt wird. Die erwähnte Lücke muß eine „Zwischenrichtung" ausfüllen, die man heute als „Metallogenie der Erzbezirke" bezeichnet und die für zielstrebige Erkundungsarbeiten äußerst notwendig ist.

Der Begriff „Erzbezirk"

Als Erzbezirk (wörtlich „Erzrayon") muß man den Teil einer metallogenetischen Zone oder zweier benachbarter Zonen bezeichnen, der durch eigene geologische und metallogenetische Merkmale gekennzeichnet ist. Die Erzbezirke werden häufig durch erzfreie Zwischenräume voneinander getrennt. Da sie eine bestimmte Lage in der geologischen Struktur einnehmen, können die Erzbezirke die Bezeichnung von Gebirgsrücken (Kokulbejsker Gebirge, Süd-Daur-Gebirge, die Gebiete Transbaikaliens), Flüssen (der Erzbezirk von Pchusun-Wantsch im fernöstlichen Küstengebiet) oder Verwaltungszentren (die Rayons von Olginsk, Kawalerowsk im fernöstlichen Küstengebiet) tragen.

Als Teil einer strukturell-metallogenetischen Zone oder zwei, drei benachbarter schmaler Zonen tendieren die

[1)] Aus dem Sammelband: „Gesetzmäßigkeiten der Verteilung mineralischer Rohstoffe" (russ.), Moskau 1958, S. 462–469. Übers.: W. OESTREICH.

Erzbezirke gewöhnlich zu Querelementen der Gesamtstruktur — zu Knotenpunkten alter Hebungen, Querbiegungen von Faltenserien, zu horstartigen Blöcken oder Gräben. Gerade die Besonderheiten der strukturellen Lage der Erzkörper, die Besonderheiten ihres geologischen Baues und der Metallogenie, bieten die Möglichkeit, einen Erzbezirk vom anderen zu unterscheiden.

Die Größenverhältnisse der Erzbezirke und ihr Verhältnis zu den großen strukturell-metallogenetischen Zonen können unterschiedlich sein. Meistens sind die Erzbezirke Teile einer metallogenetischen oder strukturell-faziellen Zone. So kann man z. B. in der Zinnpolymetallischen Küstenzone des Fernen Ostens, die sich insgesamt 300 km von Norden nach Süden erstreckt, mindestens fünf Erzbezirke unterscheiden: Sinantscha, Tetjuche, Kawalerowsk, Olginsk und Pchusun-Wantsch. Wie in einem anderen, ebenfalls in diesem Sammelband veröffentlichten Aufsatz der Verfasserin gezeigt wird, unterscheiden sich diese Bezirke sowohl in geologischer Hinsicht durch ihre Entwicklungsgeschichte als auch in metallogenetischer Hinsicht durch ihre verschiedenartige strukturelle Anordnung. Dementsprechend müssen auch die Erkundungsmethoden unterschiedlich sein.

Bisweilen umfaßt ein und derselbe Erzgürtel mehrere strukturell-fazielle Zonen, z. B. der große Zinn-Wolfram-Gürtel Transbaikaliens. Innerhalb dieses Gürtels treten so heterogene tektonische Elemente auf wie das Antiklinorium von Tschikoisk-Daursk, die mobile Zone von Daursk, die Aginsker Platte und das osttransbaikalische Faltengebiet, das aus einer Serie von Antiklinorien und Synklinorien besteht. Die unter Berücksichtigung der tektonischen Gliederung ausgesonderten Erzbezirke gehören hier meistens zu verschiedenen strukturell-faziellen Zonen und seltener zu verschiedenen Teilen ein und derselben Zonen.

So werden im westlichen Teil des Erzbezirkes die Erzbezirke von West-Tschikoisk und Ost-Tschikoisk unterschieden. Sie sind an das große Antiklinorium von Tschikoisk-Daursk gebunden, das zu einem erheblichen Teil aus großen Massiven von Granitoiden und metamorphen Schiefern besteht, zu einem geringeren Teil aus Sandsteinschieferfolgen des nicht metamorphisierten Paläozoikums. Obwohl diese beiden Erzbezirke in einer Zone liegen, unterscheiden sie sich voneinander. Im West-Tschikoisker Bezirk, der mit dem am stärksten erodierten horstförmig gehobenen Teil des Antiklinoriums zusammenhängt, sind Pegmatite weit verbreitet, während im Ost-Tschikoisker Bezirk, der in geringerem Maße erodiert ist, Lagerstätten der Zinnstein- und Wolframit-Quarz-Formation weit verbreitet sind, die mit den späten Differentiaten der Granitintrusion zusammenhängen.

Der weiter östlich davon gelegene Bezirk von Süd-Daursk ist bereits an eine tektonische Einheit gebunden, die mobile Zone von Daursk, die sich um den Vorsprung der Aginsker Platte herumlegt und durch das Auftreten oberjurassischer Effusiva und räumlich damit zusammenhängender hypoabyssischer zinnführender Intrusionen gekennzeichnet ist. In dieser Zone der tiefen Brüche gehören die Lagerstätten bereits zur sulfidischen Zinnsteinformation.

Unterschiedlich hinsichtlich des Charakters der Mineralisation ist auch der im Osten folgende Aginsker Erzbezirk, der an den paläozoischen Block der Aginsker Platte gebunden ist. Ebenso wie im Ost-Tschikoisker Erzbezirk gehören hier die Lagerstätten zur Zinnstein- und Wolframit-Quarz-Formation; sie stehen mit kleinen granitischen Massiven im Zusammenhang und sind längs tektonischer Störungen lokalisiert.

Der noch weiter östlich liegende Bezirk von Kokulbejsk wird durch eine weite Verbreitung von Zinn- und Wolframlagerstätten der Quarzformation, gebunden an die Kontakte granitischer Massive, charakterisiert, die jurassische Schieferfolgen in den Achsenteilen der Antiklinale durchbrechen. Man kann natürlich über die Grenzen der Erzbezirke und die Feinheiten ihrer Untergliederung streiten, aber die Verschiedenartigkeit der von uns ausgesonderten Felder sowohl in geologischer als auch in metallogenetischer Hinsicht, und infolgedessen die Zweckmäßigkeit einer detaillierten regionalen metallogenetischen Einteilung mit Aussonderung des Erzbezirkes als einer kleineren Einheit, wie sie der Erzgürtel darstellt, unterliegt auch hier keinem Zweifel.

In einigen Erzbezirken, die sich durch einen komplizierten tektonischen Bau auszeichnen, können Erzbezirke ausgeschieden werden, die zwei oder drei schmale metallogenetische Zonen umfassen, aber irgendeinem großen tektonischen Querelement untergeordnet sind (z. B. der Bezirk von Tetjuche im fernöstlichen Küstengebiet). Möglicherweise treten derartige Erscheinungen auch in einigen Bereichen des kaukasischen metallogenetischen Gebietes auf, das durch sehr schmale metallogenetische Längszonen gekennzeichnet ist.

Die Methoden der metallogenetischen Kartierung der Erzbezirke

Jeder der ausgesonderten Erzbezirke muß einzeln untersucht werden. Diese Untersuchung muß durch Anfertigung einer metallogenetischen Karte des Bezirkes im Maßstab 1:25000 bis 1:200000 (u. a. entsprechend der Größe des Bezirkes, dem Grad der geologischen Erkundung und der Kompliziertheit des geologischen Baus) erfolgen. Alle Daten über die Erzbezirke einer metallogenetischen Provinz oder eines Teiles davon müssen außerdem in einer Übersichtskarte im Maßstab 1:500000 dargestellt werden. Im Gegensatz zu den vom WSEGEI hergestellten Karten muß diese weitaus mehr Angaben über die Erze enthalten und durch eine Serie detaillierterer Karten über die einzelnen Felder ergänzt werden, ferner durch Fazieskarten, Schlichkarten, tektonische, metallometrische, geophysikalische und andere Karten. Ein besonderer Typ ist die Karte der erzkontrollierenden[2]) Merkmale und der Erzprospektionsmerkmale, auf der alle Elemente wiedergegeben werden müssen, die es gestatten, den Grad der Erzführung der Felder zu ermitteln: erzführende sedimentäre und magmatische Komplexe, tektonische Störungen, Dike-Gürtel, Zonen hydrothermaler Aufstiegswege, ferner ausgewählte Angaben aus den Schlichkarten, metallometrischen, geochemischen und geophysikalischen Karten sowie alle Merkmale der tatsächlich festgestellten Vererzung mit den Elementen der Strukturen der Lagerstätten selbst. Eine solche Karte, die auf einer vereinfachten geologischen Unterlage angefertigt wird, ist dem Wesen nach eine metallogenetische Karte. Zur Vollständigkeit des metallogenetischen „Inhalts" müssen auf dieser Karte die Umrisse der metallogenetischen Zonen und Unterzonen eingetragen werden.

[2]) erzkontrollierend = Vererzung andeutend

Wenn erforderlich, kann die metallogenetische Karte aus der Karte der erzkontrollierenden Merkmale und der Erzprospektionsmerkmale lediglich mit der Bezeichnung der metallogenetischen Zonen und Felder, die für einen bestimmten Vererzungstyp günstig sind, angefertigt werden. Wenn hierbei auch die Felder verschiedener Höffigkeit umgrenzt werden, trägt die Karte bereits den Charakter einer metallogenetisch-prognostischen oder prognostischen Karte. Wichtig ist, daß die prognostischen Karten von Zeit zu Zeit neu angefertigt werden müssen. Auch die metallogenetischen Karten können sich verändern, während die Karten der erzkontrollierenden Merkmale und der Erzprospektionsmerkmale am beständigsten bleiben, weil sie im wesentlichen Tatsachen wiedergeben. Wie die geologischen Karten bedürfen sie lediglich der Vervollständigung durch neue Materialien.

Die Methoden der Anfertigung von Karten der erzkontrollierenden Merkmale und der Erzprospektionsmerkmale sind im allgemeinen für alle Maßstäbe ähnlich, mag es sich um die Karte eines Erzbezirkes im Maßstab 1:25000—1:100000 oder um die Übersichtskarte der Erzbezirke eines ganzen Gebiets im Maßstab 1:500000 handeln. Diese Methoden laufen darauf hinaus, in eine vereinfachte geologische Karte die verschiedenartigen erzkontrollierenden Merkmale und die Erzprospektionsmerkmale einzutragen, ferner die Erzlagerstätten und die Punkte der Erzanzeichen. Die Grundlage der metallogenetischen Gliederung bildet in den meisten Fällen die tektonische Gliederung, die gestattet, davon die tektonischen oder strukturell-faziellen Zonen oder Bereiche mit unterschiedlicher Entwicklungsgeschichte auszuscheiden, die durch verschiedene Komplexe sedimentärer und magmatischer Gesteine und verschiedene Erzlagerstättenkomplexe gekennzeichnet sind. Wie bereits erwähnt, ist die für solche Karten benutzte geologische Unterlage gegenüber den geologischen Karten viel stärker schematisiert. Gewöhnlich werden hier die großen Gesteinskomplexe zusammengefaßt, die bestimmten Strukturstockwerken entsprechen. In manchen Dingen ist jedoch die geologische Unterlage gegenüber der geologischen Karte detaillierter. So werden hier die Typen der Gesteine angegeben, die Bedeutung für die Vererzung haben, z. B. Kalksteine, vulkanogene Gesteine u. dgl. Bei manchen Karten ist es üblich geworden, die Fazies der Hebung und Senkung getrennt darzustellen, wodurch man die Möglichkeit erhält, die spezifischen Züge der Entwicklungsgeschichte der verschiedenen Bereiche der metallogenetischen Zonen zu rekonstruieren. Diese zusätzlichen Kennzeichnungen der Gesteinstypen werden auf der Karte gewöhnlich durch Schraffur über der üblichen Farbe für die Bezeichnung des Alters dargestellt.

Im Vergleich zu den regional-metallogenetischen Karten vom Typ WSEGEI wird bei der Herstellung der Karten der erzkontrollierenden Merkmale und der Erzprospektionsmerkmale den Eruptivgesteinen größere Beachtung geschenkt, wobei die im WSEGEI übliche dreigliedrige Unterteilung der Gesteine entsprechend den Entwicklungsetappen hier schon recht unzureichend ist. Einige Wissenschaftler kombinieren die Einteilung in Etappen mit der Altersgliederung der Gesteine, z. B. auf der Karte des Kaukasus. G. A. TWALTSCHRELIDSE gliedert ebenfalls die Instrusiva in die Erscheinungsfolgen der frühen, mittleren und späten Etappe, aber schon relativ bestimmter Alterskomplexe.

Für die Erkundungsarbeiten ist es nützlich, nicht nur die Intrusiva nach Typen zu gliedern, sondern auch Phasen und Fazies auszuscheiden, die vom Gesichtspunkt der Erzführung interessant sind. Für die Anfertigung vollwertiger Karten ist natürlich die eingehende Altersgliederung der Intrusiva unerläßlich. Daher müssen hier neben den rein geologischen Methoden auch Spezialmethoden zur Bestimmung des absoluten Alters der Gesteine, der Ermittlung ihrer geologischen Besonderheiten usw. in großem Umfang eingesetzt werden.

Bei der Herstellung von Karten der erzkontrollierenden Merkmale und der Erzprospektionsmerkmale muß auch den Elementen der Tektonik große Beachtung geschenkt werden. Auf den Karten müssen besonders sorgfältig die Faltenstrukturen verschiedener Maßstäbe in Isolinien oder mit Bezeichnung der Faltenachsen und der Bereiche ihres Abtauchens dargestellt werden. Auf den Karten des Maßstabes 1:25000 und größer ist es in manchen Fällen zweckmäßig, in Isolinien auch das Liegende bestimmter stratigraphischer Komplexe zu zeigen, die als Stau (wörtlich: Abschirmung) für die Vererzung dienen oder für eine selektive Verdrängung durch das Erz günstig sein können.

Auf den Karten aller Maßstäbe muß den Bruchstörungen erhebliche Beachtung gelten, wobei die Brüche unter Berücksichtigung ihres Charakters und Maßstabes zu klassifizieren sind. In erster Linie müssen die regional-strukturellen Störungen ausgeschieden werden, die die Lage der strukturell-faziellen oder metallogenetischen Zonen bestimmt haben, indem sie in der Vergangenheit die Hebungen von den sich langsam entwickelnden Senkungen abgrenzten. Diese Strukturfugen wurden später erneut bewegt und dienten als Kanäle, auf denen sich sowohl effusive als auch intrusive magmatische Gesteine entwickelten. Derartige Brüche enthalten gewöhnlich keine Vererzung, sie haben aber wesentlichen Einfluß auf die Anordnung der metallogenetischen Zonen.

Besonders gekennzeichnet werden müssen die regionalen Brüche kleineren Ausmaßes, die sich auf Dutzende von Kilometern und mehr hinziehen und die Verteilung der Erzkonzentrationen und Erzlagerstätten kontrollieren. Solche Brüche sind öfter die Widerspiegelung tiefer Spalten des Fundaments, sie werden durch eine lange Entwicklung gekennzeichnet und enthalten verschiedenaltrige magmatische, bisweilen auch verschiedenaltrige Erzvorkommen.

Der Größe nach zur dritten Kategorie der Brüche können endlich die Störungen gerechnet werden, an die die Erzkörper gebunden sind. Diese das Erz einschließenden Störungen können nach Genese und allgemeiner Lage im System der Falten unterschiedlich sein, es ist jedoch nicht immer möglich, die verschiedenen Typen der Brüche nach dem genetischen Merkmal auszuscheiden, besonders wenn die Störungen selbst eine lange Entwicklungsgeschichte haben, in deren Verlauf sich ihr genetischer Sinn ändert. Klüfte z. B., die ursprünglich als Abrißspalten angelegt waren, verwandeln sich im Verlauf weiterer Deformationen nicht selten in Abscherspalten; die Wechsel wandeln sich in den Spätetappen der Deformation in normale Verwerfungen um usw. Daher ist der genetische Charakter der Brüche nicht gleichartig und zeitlich nicht beständig.

Als besondere tektonische Kategorie kann man die Zonen erhöhter Klüftung aussondern, die die Spaltung des Fundaments widerspiegeln. Sie sind mehr oder minder gesetzmäßig angeordnet und bilden bisweilen ein ziemlich regelmäßiges geometrisches Netz. Auf erhebliche Entfernungen streichend, werden sie gewöhnlich durch die Lage der magmatischen Körper betont, ferner durch die gesetzmäßige Lage der Erzlagerstätten und Erzkonzentrationen. Trotz ihrer erheblichen Erstreckung werden diese Zonen jedoch des öfteren nicht von Anzeichen großer Verschiebungen oder von Brüchen begleitet. Morphologisch gesehen, stellen sie Zonen kleiner kulissenartiger Klüfte dar. Eine spezielle Untersuchung dieser erzkontrollierenden Zonen führte zu dem Schluß, daß wir hier eine Widerspiegelung tiefer Brüche vor uns haben, die im Maße ihres „Vordringens" in die oberen Strukturstockwerke in abgeschwächter Form als Serien und Folgen kleiner Einzelklüfte zur Geltung kommen. Die Vorkommen der magmatischen Gesteine (besonders der Vulkanite) gestatten aber die Annahme, daß diese Zonen mit ihren Wurzeln in erhebliche Tiefen reichen. In irgendeinem Zusammenhang mit den Querzonen erhöhter Klüftung stehen auch die Zonen konkordanten Abtauchens der Faltenachse oder die Querzonen der Faltenbiegungen.

Noch größere Bedeutung hat die Untersuchung derartiger Zonen für die Feststellung der Gesetzmäßigkeiten der Erzkonzentrationen und Erzfelder, die in den meisten Erzbezirken dort liegen, wo sich diese Zonen kreuzen.

Weiter werden in die Karte der erzkontrollierenden Merkmale und der Erzprospektionsmerkmale gewöhnlich die Zonen mit hydrothermaler Veränderung, die Kontakthöfe und alle bekannten Lagerstätten und Erzvorkommen eingetragen; die Größenverhältnisse werden durch die Größe des Zeichens angedeutet, der Typ der Vererzung durch die Form des Zeichens, das Leitmetall durch die Farbe des Zeichens. Wir sind der Meinung, daß die Bezeichnung des Metalls durch eine Farbe nicht nur eine rein technische oder formale Bedeutung hat, sondern die Möglichkeit gibt, auf der Karte das wichtigste — das Metall selbst — hervorzuheben. Es ist auch zweckmäßig, auf der Karte in größerem Maßstab die Richtungen der Gangsysteme und der Gesteinsgänge sowie die Richtungen der vorherrschenden Klüfte zur Darstellung zu bringen.

Wie zu den metallogenetischen Karten müssen auch zu den Karten der erzkontrollierenden Merkmale Erläuterungen ausgearbeitet werden. Sie müssen jene Fakten und Folgerungen enthalten, die nicht graphisch dargestellt werden können. Diese Erläuterungen dürfen nicht nur als Erklärungen zu den Karten dienen, sie müssen auch die grundlegenden Folgerungen über die Gesetzmäßigkeiten der Entwicklung der Vererzung behandeln.

Wie bereits erwähnt wurde, besteht eine der Hauptaufgaben der Arbeiten zur Metallogenie der Erzbezirke im Studium der Abhängigkeit der Vererzung vom Komplex der geologischen Bedingungen. Die Anfertigung einer metallogenetischen Karte oder einer Karte der Erzprospektionsmerkmale ist nur die erste Etappe dieser Arbeit. Grundlegende Schlüsse erhält man erst durch das Studium dieser Karten und durch gründliche Untersuchung der Erzfelder selbst.

Das Endziel der Untersuchungen muß in der Klärung der Besonderheiten der einzelnen Erzfelder bestehen, die eine besondere Stellung in der geologischen Struktur einnehmen. Gleichzeitig müssen die speziellen Prospektionsmethoden in den Erzbezirken verschiedener Typen geklärt werden.

Das Studium der Erzbezirke läßt die Schlußfolgerung zu, daß sie typisiert und klassifiziert werden können entsprechend dem Charakter ihrer Metallogenie, die wiederum durch die spezifischen Züge der strukturellen Lage und der Entwicklungsgeschichte der einzelnen Erzfelder bestimmt wird.

Für die Klassifizierung der Erzbezirke geben wir nur einige Untergliederungen an. Es ist ganz natürlich, daß die Erzbezirke vor allem in zwei große Gruppen — Tafeltyp und Geosynklinaltyp — gegliedert werden müssen. Innerhalb der Gebiete des geosynklinalen Typs können lineare Geosynklinalen ausgeschieden werden, die die Grundlage für die ebenso linearen metallogenetischen Zonen und Provinzen liefern, und kompliziert verzweigte Geosynklinalen, die sich an Stelle der zerstückelten alten Faltenzüge oder verjüngter Tafeln entwickeln. In diesen Gebieten entstehen mosaikblockartige erzführende Provinzen, gekennzeichnet durch „fleckige" Anordnung der Erzbezirke, ferner durch das Auftreten einer ungleichaltrigen Mineralisation (Typ Zentralkasachstan).

Die linearen Geosynklinalgebiete kann man entsprechend der Entwicklungsgeschichte ihrerseits in zwei Typen gliedern: 1) Typ der Geosynklinalen mit vollständigem Entwicklungszyklus, in denen die Spilit-Keratophyr-Formation der Frühetappen, ferner basische und ultrabasische Intrusionen auftreten, 2) Typ der Geosynklinalen mit unvollständigem Entwicklungszyklus, wo die basischen magmatischen Gesteine der Frühetappen fehlen und mit Beginn der geosynklinalen Entwicklung die Ablagerung mächtiger terrigener Folgen stattfindet, und die magmatischen Gesteine vorwiegend durch Granite vertreten sind. Der erste Typ (Typ Ural) ist an die Zonen tiefer Spalten gebunden, die von der tiefen Peridotitschicht der Erdkruste ausgehen; der zweite Typ wird durch lang andauernde Senkungen charakterisiert, die die linear gestreckten Inseln begleiten (Transbaikalien, fernöstliches Küstengebiet, Gebiet Werchojansk-Kolyma usw.). In den Erzbezirken dieser zwei Gruppen sind auch verschiedene Mineralisationstypen entwickelt. Für die erste Gruppe sind Elemente des basischen Magmas charakteristisch: Platin, Chrom, Titan, Eisen; für die zweite Gruppe Elemente des sauren Magmas: Zinn, Wolfram, Molybdän u. a.

Die linearen geosynklinalen Senken des zweiten Typs können sich ihrerseits nach verschiedenen Richtungen entwickeln. Einen der charakteristischen Typen bilden die kompliziert differenzierten Geosynklinalen, die durch ihre stabilen Hebungen in mehrere Intrageosynklinalen gegliedert werden. Jede dieser strukturell-faziellen Einheiten eines solchen kompliziert-differenzierten Geosynklinalgebiets entwickelt sich bereits unterschiedlich, was auch die Entstehung paralleler Erzgürtel vorherbestimmt. Innerhalb der isolierten Struktureinheiten derartiger differenzierter Gebiete kann man Hebungs- und Senkungszonen unterscheiden; ferner schmale lineare Zonen der Strukturfugen, die die Senkungen von den Hebungen abgrenzen.

Diese von uns an der Erzprovinz des fernöstlichen Küstengebiets festgestellten Züge wiederholen sich auch in anderen Erzbezirken. Zum Beispiel ist in Transbaikalien wie auch im fernöstlichen Küstengebiet festzustellen, daß die Zinnvererzung an die Senkungszonen, die von sandig-tonigen Folgen erfüllt sind, gebunden ist, während die Pb-Zn-Vererzung an eine Hebung gebunden ist, die durch das Auftreten von Kalken gekennzeichnet wird. Diese Senkungszonen unterscheiden sich voneinander nicht nur lithologisch, sondern auch hinsichtlich des Charakters der Dislokationen und der Typen der Intrusionen, was ebenfalls die Besonderheiten ihrer Metallogenie beeinflußt.

In anderen Gebieten wiederholt sich auch der Typ der überprägten subaerischen Senken, die der Zone des Küstenabbruchs im fernöstlichen Küstengebiet analog sind. Zu diesem Typ gehört z. B. die Zone des Kleinen Chingan, in der Effusiva auftreten. Daher wiederholen sich selbst die Typen der strukturell-metallogenetischen Zonen bei ähnlichen geologischen Verhältnissen. Das gestattet, das Aufsuchen neuer Erzgebiete zielstrebig durchzuführen.

Bei der detaillierten metallogenetischen Analyse darf man nicht im Stadium der Ermittlung der Besonderheiten der einzelnen strukturell-metallogenetischen Zonen stehenbleiben, sondern man muß die spezifischen Züge der einzelnen Erzbezirke auffinden. Hierbei wird festgestellt, daß im Verlauf ein und derselben Zone Erzbezirke auftreten, die hinsichtlich des Charakters der Mineralisation und der Gesetzmäßigkeiten der Erzverteilung verschieden sind. Die spezifischen Besonderheiten dieser Erzbezirke werden bereits durch strukturelle Querformen bestimmt: durch die Lage der Erzfelder zu den anfänglichen Zentren der Hebung und den Kernen der später gebildeten Antiklinorienstrukturen, durch das Auftreten von Querhebungen und -senkungen der Faltenachsen, durch große Quer- oder Diagonalbrüche usw. Aber nur auf dem Wege der Analyse der Details und der Besonderheiten der Erzbezirke muß in Zukunft die Richtung der metallogenetischen Untersuchungen entwickelt werden, die als Metallogenie der Erzbezirke bezeichnet wird.

Bei aller Vielfalt der Kombination der geologischen Faktoren können durch die Untersuchungen trotzdem auch allgemeine Züge festgestellt werden, die gestatten, sinnvoller an die Typisierung der Erzbezirke und an die Feststellung ihrer allgemeinen Charakteristik heranzugehen, und einen bestimmten Weg zur Untersuchung der erzführenden Territorien festzulegen.

Zusammenfassung

Die „Metallogenie der Erzbezirke" als neue Arbeitsrichtung bei metallogenetischen Untersuchungen soll die Erkundung von Erzfeldern und ihre Bedeutung für die Lokalisierung der Vererzung von regional-metallogenetischer Seite unterstützen. Die einzelnen „Erzbezirke", die sich voneinander sowohl in geologischer Hinsicht durch ihre Entwicklungsgeschichte als auch in metallogenetischer Hinsicht durch ihre strukturelle Anordnung unterscheiden, besitzen trotz aller Vielfalt noch gemeinsame Züge, die eine Typisierung der Erzbezirke und die Feststellung ihrer allgemeinen Charakteristik gestatten.

Das bei der Erkundung der erzführenden Gebiete gesammelte Material wird in erster Linie zur Anfertigung metallogenetischer Karten verwandt, deren Herstellungsmethoden beschrieben werden. Unter den vielen metallogenetischen Kartentypen kennt man zwei Hauptgruppen, die aber beide noch gewisse Mängel aufweisen.

Summary

„Metallogenesis of ore districts" as a new trend of works in metallogenetic investigations is intended to support up the exploration of ore fields and its significance for locating mineralization from a regional-metallogenetic point of view. Although differing from each other both geologically by their history of formation and metallogenetically by their structural arrangement, the individual „ore districts", in spite of their variety, show common traits which allow the determination of their types and general characteristics.

Data collected during the exploration of ore-bearing districts are above all used in metallogenetic mapping, whose methods of compilation are described. Among the various types of metallogenetic maps two main groups are known which, however, are both deficient yet in some respects.

Резюме

Металлогения рудных районов — новое направление в металлогенических исследованиях — должнпомогать при разведке рудных полей и подчеркивать с регионально-металлогенической стороны их значение для локализации оруденения. Отдельные „рудные районы", отличающиеся друг от друга как в геологическом отношении вследствие истории своего развития, так и в металлогеническом отношении вследствие своего структурного расположения, все же несмотря на всю многообразность имеют общие черты, позволяющие типизировать рудные районы и установить общую характеристику.

Материалы, собранные при разведке рудоносных районов, используются в первую очередь для разрадоткии металлогенических карт. Методы их составления описываются автором. Из большого числа типов металлогенических карт можно выделить две основных группы, но обе группы не лишены определенных недостатков.

Vorratsberechnung von Begleitelementen mit Hilfe der Korrelationsrechnung

KARL-HEINZ BINTIG, Berlin

Es kann für manche Lagerstätten angenommen werden, daß eine korrelative Beziehung zwischen dem für die einzelnen Proben ermittelten Gehalt an Hauptelement und dem an Begleitelement besteht. Sollen nun die Vorräte an Begleitelement, für das die Anzahl der darauf untersuchten Proben meistens weitaus geringer ist als die Anzahl der Analysenwerte für das Hauptelement allein, berechnet werden, so kann diese Berechnung bei Vorliegen einer solchen erwähnten Beziehung mit Hilfe der Korrelationsrechnung erfolgen. Der Vorteil dieser Methode besteht darin, daß der gesuchte Wert, nämlich der Mittelwert für den Gehalt an Begleitelement im untersuchten Gut, eine höhere Genauigkeit hat als bei der direkten Methode, d. h. bei der Berechnung lediglich aus der oft sehr geringen Anzahl von Analysenwerten für das Begleitelement allein. Im folgenden werden an Hand eines Beispiels die Anwendung der Korrelationsrechnung, der Rechengang und einige Fragen der Auswahl der Werte behandelt.

Die Aufgabenstellung sei folgende:

Für einen bestimmten Teil einer Blei-Zink-Lagerstätte liegt eine Anzahl von n Gehaltswerten für das Hauptelement Pb vor. Von diesen n Proben wurde für eine Anzahl von n_1 Proben der Gehalt an Begleitelement Ag bestimmt, wobei $n \gg n_1$. Es soll der mittlere Ag-Gehalt für den geprobten Lagerstättenteil ermittelt werden. In der Tab. 1 sind die $n_1 = 20$ Wertepaare aufgeführt (x_i = Pb-Werte; y_i = Ag-Werte).

Tabelle 1

Pb (%) x_i	Ag (g/t) y_i	Pb (%) x_i	Ag (g/t) y_i	Pb (%) x_i	Ag (g/t) y_i
0,5	4	1,4	68	3,9	160
1,1	0	3,3	80	4,5	142
0,5	6	1,2	56	2,3	92
3,7	35	2,4	160	3,0	144
2,7	80	1,8	52	2,2	56
2,3	68	4,2	93	4,6	100
1,2	32	2,5	93		

Aus dieser Tabelle ist ersichtlich, daß der Ag-Gehalt einer Probe im allgemeinen um so größer ist, je größer der Pb-Gehalt, so daß hier eine positive Korrelation der Ag-Gehalte mit den Pb-Gehalten vermutet werden kann.

Als erstes ist nun festzustellen, welche Form die Abhängigkeit hat, was am besten durch eine Darstellung der Wertepaare in einem Koordinatennetz erfolgt (Abb. 1). Im vorliegenden Fall bestätigt die Darstellung das Vorhandensein einer Abhängigkeit und läßt annehmen, daß diese Abhängigkeit linear ist. Es sei an dieser Stelle darauf hingewiesen, daß zur Anwendung der Korrelationsrechnung eine lineare Abhängigkeit Voraussetzung ist, daß also die Funktion, welche diese Abhängigkeit ausdrückt, im Hinblick auf ihre Parameter linear ist, was bei Vorliegen einer nichtlinearen Abhängigkeit oft durch eine Transformation der Werte erreicht werden kann (s. Abschnitt: Prüfung auf Linearität).

Die Bestimmung der Regressionsgleichung

Da für das vorliegende Beispiel eine lineare Abhängigkeit (Regression) angenommen werden kann, besteht die Aufgabe darin, den Punkteschwarm durch eine Gerade, die Regressionsgerade, auszugleichen, um so den analytischen Ausdruck für die Abhängigkeit $y = f(x)$ zu finden.

Die Anpassung der Wertepaare erfolgt nach der Methode der kleinsten Quadrate. Die Gleichung einer Geraden in ihrer allgemeinen Form lautet

$$\boxed{y = a + bx \quad (1)}$$

wobei $b = \operatorname{tg} \alpha$ den Richtungsfaktor und a den Schnittpunkt der Geraden mit der y-Achse darstellt. Die Werte von a und b sollen so berechnet werden, daß die Summe der quadratischen Abweichungen der Punkte von der Regressionsgeraden in Richtung der y-Achse ein Minimum wird.

Die Gleichung der Regressionsgeraden ermittelt man am einfachsten durch die Berechnung von b, auch Regressionskoeffizient genannt, aus

$$\boxed{b = \frac{\Sigma x_i y_i - \frac{\Sigma x_i \Sigma y_i}{n}}{\Sigma x_i^2 - \frac{(\Sigma x_i)^2}{n}} \quad (2)}$$

wo n = Anzahl der Wertepaare, und durch Einsetzen des Wertes b in die Geradengleichung der Form

$$\boxed{y = \bar{y} + b(x - \bar{x}) \quad (3)} \quad \text{wo } \bar{y} = \frac{\Sigma y_i}{n} \text{ und } \bar{x} = \frac{\Sigma x_i}{n}$$

Hieraus läßt sich leicht die Regressionsgleichung in der Form der Gleichung (1) finden.

Die Berechnung der Summenwerte erfolgt am besten tabellarisch nach folgendem Schema (an Hand des vorliegenden Beispiels dargelegt; Tab. 2):

Tabelle 2

i	x	y	xy	x^2	y^2
1	0,5	4	2,0	0,25	16
2	1,1	0	0,0	1,21	0
...					
19	2,2	56	123,2	4,84	3136
20	4,6	100	460,0	21,16	10000
Σ	49,3	1521	4562,2	152,35	161187

Somit wird nach Gleichung (2)

$$b = \frac{4562{,}2 - \frac{49{,}3 \cdot 1521}{20}}{152{,}35 - \frac{49{,}3^2}{20}} = \frac{812{,}9}{30{,}83} = 26{,}3$$

und $\bar{x} = \frac{49{,}3}{20} = 2{,}47$ und $\bar{y} = \frac{1521}{20} = 76{,}1$

Mit diesen Werten ergibt sich

$$y = 76{,}1 + 26{,}3\,(x - 2{,}47)$$

und als endgültige Regressionsgleichung

$$y = 26{,}3x + 11{,}2$$

Der Wert b gibt an, um wieviel Einheiten der Wert y im Durchschnitt zunimmt, wenn der Wert x um eine Einheit wächst.

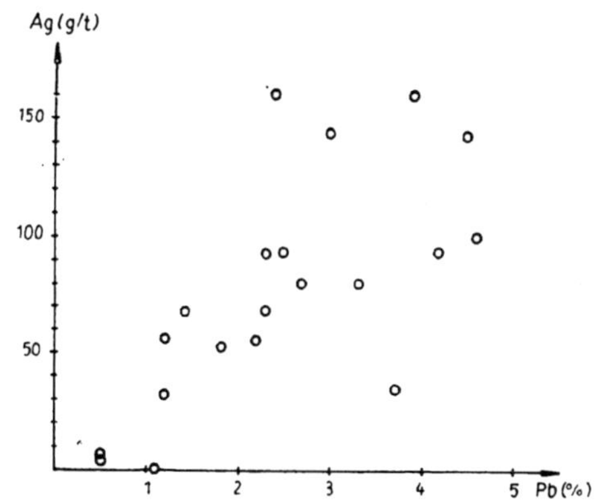

Abb. 1

Mit dieser Gleichung für die Regression von y auf x läßt sich nun für einen gegebenen Wert von x der wahrscheinlichste Wert von y berechnen. Die Regressionsgerade ist in Abb. 2 dargestellt. Aus der Regressionsgleichung bzw. aus der Darstellung kann nun für jeden Pb-Wert, für den keine Ag-Bestimmung vorliegt, der entsprechende Ag-Wert berechnet bzw. abgelesen werden.

Es soll hier noch erwähnt werden, daß es im Fall einer korrelativen Abhängigkeit immer zwei Regressionsgeraden gibt. Es läßt sich auch die Regression von x auf y bestimmen, und man erhält eine Regressionsgleichung, die mit der ersten nicht identisch ist, da für diese Gerade die Forderung besteht, daß die Summe der quadratischen Abweichungen der einzelnen Punkte von der Regressionsgeraden in Richtung der x-Achse ein Minimum wird. In einer anderen Arbeit des Verfassers (1959) wurde jedoch gezeigt, daß für die Vorratsberechnung von Spurenelementen nur die Regression von y auf x, d. h. der natürlichen Abhängigen auf die natürliche Unabhängige, verwendet werden kann.

Die Beurteilung des Zusammenhanges zwischen den Merkmalwerten

Bevor nun jedoch die Berechnung der y-Werte nach der ermittelten Regressionsgleichung erfolgt, muß der Grad der Abhängigkeit der Merkmalwerte voneinander bestimmt werden. Dazu schreibt E. WEBER (1957): „Je geringer die Streuung der beobachteten Wertepaare um die Regressionsgerade ist, je mehr sich also die Punkte der Geraden anschließen, um so schärfer ist diese bestimmt. Die Streuung der Punkte der Regressionsgeraden macht einen bestimmten Anteil der Gesamtstreuung der y aus. Ist dieser groß, so heißt das, die Punkte konzentrieren sich um die Regressionsgerade. Das Verhältnis des Anteils der Streuung der Punkte der Regressionsgeraden zur Gesamtstreuung kann daher als Maß für die Schärfe, mit der die Gerade bestimmt ist, und damit als Maß für die Abhängigkeit der beiden Variationsreihen benutzt werden." Dieses Verhältnis heißt das Bestimmtheitsmaß und gibt an, welcher Anteil der Streuung der Größe y sich aus der Veränderung der Größe x durch lineare Regression erklären läßt; in der Statistik wird jedoch im allgemeinen die Wurzel aus dieser Größe, der Korrelationskoeffizient r, als Maß des Zusammenhanges verwendet.

Die Größe r errechnet sich aus der Formel

$$\boxed{r = \frac{s_{xy}}{s_x s_y} \quad (4)} \text{ oder aus } r = b\,\frac{s_x}{s_y}$$

dabei ist

$$s_{xy} = \frac{1}{n-1}\left[\Sigma x_i y_i - \frac{\Sigma x_i \Sigma y_i}{n}\right]$$

$$s_x^2 = \frac{1}{n-1}\left[\Sigma x_i^2 - \frac{(\Sigma x_i)^2}{n}\right]$$

$$s_y^2 = \frac{1}{n-1}\left[\Sigma y_i^2 - \frac{(\Sigma y_i)^2}{n}\right]$$

Für unser Beispiel ergeben sich:

$$s_{xy} = \frac{812{,}9}{19} = 42{,}79;\ s_x^2 = \frac{30{,}83}{19} = 1{,}62 \text{ und}$$

$$s_y^2 = \frac{45515}{19} = 2395{,}5$$

Daraus berechnet sich der Korrelationskoeffizient zu

$$r = \frac{42{,}79}{\sqrt{1{,}62 \cdot 2395{,}5}} = 0{,}69$$

Das gleiche Ergebnis erhält man, wenn man r aus

$$r = b\,\frac{s_x}{s_y} = 26{,}3 \cdot \frac{1{,}27}{48{,}95} = 0{,}69 \text{ berechnet.}$$

Der Korrelationskoeffizient kann Werte zwischen -1 und $+1$ annehmen. Liegen alle Punkte auf der Regressionsgeraden, d. h., liegt eine vollständige lineare Abhängigkeit vor, so wird $r = |1|$, und zwar $r = +1$ bei positiver Korrelation, wenn mit wachsendem x auch y zunimmt, und $r = -1$ bei negativer Korrelation, wenn y mit x fällt. Bei $r = 0$ besteht keine lineare Abhängigkeit zwischen den Variablen.

Es ist nun zu prüfen, mit welcher Wahrscheinlichkeit überhaupt ein Zusammenhang zwischen den Merkmalwerten besteht, d. h., es ist zu prüfen, ob sich der aus den n Wertepaaren ermittelte Korrelationskoeffizient signifikant von Null unterscheidet. In der Tab. 3 (aus WEBER 1957, S. 447) sind für bestimmte Sicherheitsgrenzen diejenigen Werte von r angegeben, die bei einer

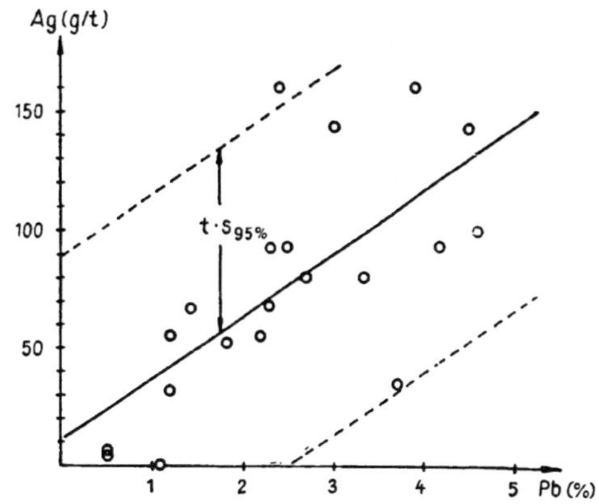

Abb. 2

bestimmten Zahl von n Wertepaaren mindestens erreicht werden müssen, damit die Nullhypothese abzulehnen ist.

Nimmt man, wie allgemein bei technischen Rechnungen üblich, 5% Überschreitungswahrscheinlichkeit als Sicherheitsgrenze an, so zeigt es sich, daß für die

Tabelle 3

Anzahl der Wertepaare n	Sicherheitsgrenzen			
	5%	1%	0,27%	0,1%
	Zufallshöchstwert von r			
7	0,75	0,87	0,93	0,95
12	0,58	0,71	0,78	0,82
17	0,48	0,61	0,68	0,72
22	0,42	0,53	0,61	0,65
27	0,38	0,49	0,55	0,60
32	0,35	0,45	0,51	0,55
37	0,32	0,42	0,48	0,52
42	0,30	0,39	0,45	0,49
52	0,27	0,35	0,41	0,44
62	0,25	0,33	0,37	0,41
72	0,23	0,30	0,35	0,38
82	0,22	0,28	0,33	0,36
100	0,19	0,25	0,29	0,32
150	0,16	0,21	0,24	0,26
300	0,11	0,15	0,17	0,19
500	0,09	0,11	0,13	0,15

$n = 20$ Wertepaare des behandelten Beispiels ein Wert $r \geqq 0{,}45$ vorliegen muß, damit ein Zusammenhang zwischen den beiden Merkmalwerten mit einer Wahrscheinlichkeit von 95% als statistisch gesichert angesehen werden kann. Diese Forderung ist hier erfüllt, die Berechnung der y-Werte mittels der Regressionsgleichung kann also erfolgen. Ist der berechnete Wert von r kleiner als der in der Tabelle 3 für die jeweils vorliegende Anzahl von Wertepaaren angegebene — wie z. B. bei einem $r = 0{,}50$ für $n = 12$ —, so ist eine solche Berechnung nicht statthaft; der Mittelwert für die y-Werte darf nur nach der direkten Methode, d. h. aus den direkt ermittelten y-Werten, berechnet werden.

Fehlerverhalten des gesuchten Mittelwertes

Aus den $n_1 = 20$ Werten des behandelten Beispiels ergibt sich nach der direkten Methode ein mittlerer Ag-Gehalt von

$$\bar{y} = \frac{\Sigma y_i}{n_1} = 76{,}1 \text{ g/t; die Varianz dieses Mittelwertes}$$

berechnet sich aus den bekannten Formeln zu

$$s_{\bar{y}}^2 = \frac{\Sigma(y_i - \bar{y})^2}{n_1(n_1 - 1)} = \frac{2395,5}{20 \cdot 19} = 119,8$$

und damit die mittlere quadratische Abweichung des Mittelwertes $\bar{y}$ zu $s_{\bar{y}} = 10,9$.

Um nun den Fehler des Mittelwertes für y zu bestimmen, der sich aus den n_1 direkt bestimmten und den n_2 aus der Regressionsgleichung erhaltenen y-Werten ergibt, muß zunächst der Fehler der Bestimmung eines y-Wertes aus der Regressionsgleichung berechnet werden.

Dieser Fehler ist die mittlere quadratische Abweichung s der Punkte um die Regressionsgerade und ist definiert als

$$s^2 = \frac{\Sigma(y_i - Y_i)^2}{n - 2}$$

wo Y_i — die Ordinaten der Punkte auf der Regressionsgeraden, und berechnet sich zweckmäßigerweise aus

$$s^2 = \frac{1}{n-2}\,\Sigma(y_i - \bar{y})^2 - \frac{[\Sigma(x_i - \bar{x})(y_i - \bar{y})]^2}{\Sigma(x_i - \bar{x})^2} \qquad (5)$$

Für unser Beispiel ergibt sich die Streuung der Punkte um die Regressionsgerade und damit der Fehler der Bestimmung eines Ag-Wertes über einen gegebenen Pb-Wert an Hand der Regressionsgleichung aus der Gleichung

$$s^2 = \frac{1}{18}\left[45515 - \frac{812,9^2}{30,83}\right] = 1338$$

zu $s = 36,6$.

Mit Hilfe der t-Verteilung können nun für $n_1 = 20$ die Sicherheitsgrenzen für eine Wahrscheinlichkeit von 95% berechnet werden. Der Bereich ergibt sich bei $k = n - 2 = 18$ Freiheitsgraden zu

$$\pm\, ts = \pm 2,10 \cdot 36,6 = \pm 76,9;$$

die Bereichsgrenzen sind in Abb. 2 eingezeichnet.

Die Varianz $s_{\bar{y}}^2$ des Mittelwertes $\bar{y}$ aus den insgesamt $n_1 + n_2$ y-Werten (Ag-Werten) ergibt sich nach dem Gesetz der Fehlerzusammensetzung zu

$$s_{\bar{y}}^2 = \frac{s_y^2}{n_1 + n_2} + \frac{s^2}{n_2} \qquad (6)$$

Die Gesamtvarianz entsteht also dadurch, daß außer der Varianz s_y^2 für alle $n_1 + n_2$ Werte noch die zusätzliche Varianz s^2 für die n_2 aus der Regressionsgleichung ermittelten y-Werte auftritt, welche den Fehler der indirekten Bestimmung angibt.

Um nun entscheiden zu können, unter welchen Bedingungen die Anwendung der Korrelationsrechnung sinnvoll ist, der gesuchte Mittelwert $\bar{y}$ also eine höhere Genauigkeit aufweist als bei der direkten Methode, wurde versucht, eine Abhängigkeit zwischen der Höhe des aus den n_1 Wertepaaren ermittelten Korrelationskoeffizienten r und den Zahlenwerten für n_1 und n_2 zu finden.

Die Grundforderung besteht darin, daß

$$\frac{s_y^2}{n_1} > \frac{s_y^2}{n_1 + n_2} + \frac{s^2}{n_2} \qquad (7)$$

d. h., die Varianz des Mittelwertes aus den $n_1 + n_2$ y-Werten muß kleiner sein als die aus den n_1 y-Werten nach der direkten Methode allein. Aus der Ungleichung (7) ergibt sich

$$\frac{s_y^2}{s^2} > \left(\frac{n_1}{n_2}\right)^2 + \frac{n_1}{n_2} \text{ und daraus, weil}$$

$$s^2 = \frac{s_{xy}^2}{s_x^2 r^2} - \frac{s_{xy}^2}{s_x^2} \text{ und } s_y^2 = \frac{s_{xy}^2}{s_x^2 r^2},$$

die gesuchte Form für die zu erfüllende Bedingung mit

$$\frac{(n_1 - 2)}{(n_1 - 1)(1 - r^2)} > \left(\frac{n_1}{n_2}\right)^2 + \frac{n_1}{n_2} \qquad (8)$$

bzw. angenähert bei $n \geqq 20$:

$$\frac{1}{1 - r^2} > \left(\frac{n_1}{n_2}\right)^2 + \frac{n_1}{n_2} \qquad (9)$$

Da in der Praxis die Anzahl der direkt ermittelten y-Werte immer kleiner sein wird als die Anzahl der aus der Regressionsgleichung zu berechnenden y-Werte, ist die Ungleichung (8) fast stets erfüllt und damit der Beweis für den Vorteil der korrelativen Methode erbracht. Für das untersuchte Beispiel ergibt sich bei $r^2 = 0,47$, daß der Zahlenwert von

$$\left(\frac{n_1}{n_2}\right)^2 + \frac{n_1}{n_2} \text{ kleiner sein muß als } \frac{(n_1 - 2)}{(n_1 - 1)(1 - r^2)} = 1,79$$

was bei einem gegebenen $n_1 = 20$ dann erreicht wird, wenn $n_2 \geqq 22$ ist. Nimmt man für das behandelte Beispiel an, daß insgesamt $n_1 + n_2 = 300$ Pb-Werte vorgelegen haben, daß also $n_2 = 280$ Ag-Werte aus der Regressionsgleichung bestimmt wurden, so ergibt sich eine Gesamtvarianz des Mittelwertes für den Ag-Gehalt von

$$s_{\bar{y}}^2 = \frac{2395,5}{300} + \frac{13,38}{280} = 12,8$$

und damit ein $s_{\bar{y}} = 3,9$ gegenüber einem Wert von $s_{\bar{y}} = 10,9$ bei der direkten Methode.

Prüfung auf Linearität

Wie schon erwähnt, muß zur Anwendung der Korrelationsrechnung eine lineare Abhängigkeit vorliegen. Zur Prüfung auf Linearität werden die vorliegenden Wertepaare zunächst in einem einfach geteilten Koordinatennetz aufgetragen. Hier dürfte in vielen Fällen schon eine lineare Abhängigkeit nachzuweisen sein. Kann eine nichtlineare Korrelation (gekrümmter Kurvenverlauf) vermutet werden, so ist zu prüfen, ob nicht bei einer logarithmischen Transformation der y- oder der x-Werte (Darstellung im Koordinatennetz mit logarithmisch geteilter Abszisse oder Ordinate) die Punkte für die Wertepaare sich einer Geraden anpassen. Diese Methode wird in den meisten Fällen ausreichen, um eine evtl. auftretende nichtlineare Abhängigkeit in eine lineare umzuformen. Aus diesem Grunde sollen hier nicht die anderen Methoden der Umformung einer nichtlinearen Korrelation, wie z. B. die Annäherung durch ein Polynom n-ten Grades, behandelt werden.

Wenn aus der graphischen Darstellung eine Abhängigkeit angenommen werden kann, es jedoch — insbesondere bei wenig Wertepaaren — fraglich ist, ob diese als linear angesehen werden darf, so muß auf Linearität geprüft werden.

Diese Prüfung kann über eine Varianzanalyse erfolgen, bei der die Gesamtsumme der Abweichungsquadrate aller Werte vom Mittelwert in Teilsummen zerlegt wird und die daraus berechneten Teilstreuungen dann auf signifikante Unterschiede geprüft werden (dieses Verfahren wird bei einer Wertegruppierung angewendet); einfacher ist folgendes Verfahren: wenn — wie es hier fast immer der Fall sein wird — die Wertepaare einzeln vorliegen, kann eine Prüfung über das Korrelationsverhältnis von y in bezug auf x, η_{yx}, erfolgen. Es läßt sich zeigen, daß sich der Korrelationskoeffizient und das Korrelationsverhältnis im Falle einer linearen Korrelation nur wenig im Zahlenwert voneinander unterscheiden, während sie bei nichtlinearer Korrelation beträchtlich differieren.

Das Korrelationsverhältnis errechnet sich zu

$$\eta_{yx} = \sqrt{1 - \frac{s_{y(x)}^2}{s_x^2}}$$

wo

$$s_{y(x)}^2 = \frac{\Sigma (y - y_x)^2}{n - 1}$$

In der Gleichung für $s_{y(x)}^2$ bezeichnet y_x den jeweiligen aus der Regressionsgleichung für den gegebenen x-Wert berechneten y-Wert. Der Ausdruck $(y - y_x)$ ist also jeweils die Differenz zwischen dem ermittelten und dem berechneten y-Wert.

Die Berechnung erfolgt zweckmäßig über folgende Tabelle (mit den Werten des untersuchten Beispiels):

y (im Versuch ermittelt)	y_x (aus der Regressionsgleichung berechnet)	$y - y_x$	$(y - y_x)^2$
4	24,35	− 20,35	414,12
0	40,13	− 40,13	1610,42
6	24,35	− 18,35	336,72
...			
144	90,10	+ 53,90	2905,21
56	69,06	− 13,06	170,56
100	132,18	− 32,18	1035,55
1521	1520,59		24076,26

Aus den erhaltenen Werten berechnet sich

$$s_{y(x)}^2 = \frac{24076,26}{19} = 1267,17 \text{ und damit}$$

$$\eta_{yx} = \sqrt{1 - \frac{1267,17}{2395,5}} = \sqrt{1 - 0,529}\text{, also}$$

$$\eta_{yx} = 0,686$$

Für r wurde ein Wert von 0,69 berechnet; es zeigt sich also, daß beide Werte, r und η_{yx}, praktisch übereinstimmen und sich damit die Annahme einer Linearität der Abhängigkeit bestätigt hat.

Zur Auswahl der Werte

Abschließend sei auf einige Fragen der Auswahl und Ermittlung der Werte eingegangen. Zur Anwendung der korrelativen Methode müssen vier Bedingungen erfüllt sein: Die Funktion, welche die Abhängigkeit darstellt, muß linear im Hinblick auf ihre Parameter sein (diese Bedingung und ihre Erfüllung wurde schon behandelt); die Beobachtungen müssen stochastisch unabhängig sein; für jeden x-Wert muß die Verteilung der y-Werte annähernd normal und die Streuung der y-Werte konstant oder proportional den x-Werten der Funktion sein. Das heißt also, daß die Wertepaare aus einer statistisch einheitlichen Grundgesamtheit stammen müssen, in der die Abweichungen der y-Werte vom jeweiligen Mittelwert für einen gegebenen x-Wert nur durch Zufallsfaktoren hervorgerufen werden. Die Einheitlichkeit der Grundgesamtheit wird dann vorhanden sein, wenn die „dominierenden Großfaktoren" (im Sinne von DE WIJS) bei der Entstehung für jedes Teil dieser Gesamtheit die gleichen sind. In diesem Fall werden meist die Bedingungen in ausreichendem Maße erfüllt sein. Aus der Forderung nach Einheitlichkeit des Materials folgt, daß es nicht möglich ist, Wertepaare aus Grundgesamtheiten, die sich mehr als zufällig unterscheiden, gemeinsam einer mathematischen Behandlung zu unterwerfen. SCHARAPOW (1957) führt eine Reihe von Faktoren an, nach denen die Grundgesamtheiten gruppiert werden können, wie z. B. nach dem Typus des Nebengesteins, nach der stratigraphischen oder hypsometrischen Teufe, nach dem mineralogischen Erztyp, nach dem Gehalt an der Hauptkomponente, nach dem Mineralisationszyklus usw. Als Beispiel sei hier angeführt, daß für einen anderen Teil der gleichen Lagerstätte, aus dem die Werte für das untersuchte Beispiel stammen, eine Regressionsgleichung von $y = 91,4x - 4,7$ bei einem $r = 0,93$ berechnet wurde, es sich also um eine grundsätzlich andere Gesamtheit handelt. Die Forderung nach Einheitlichkeit ist außerordentlich wichtig, da durch Uneinheitlichkeit und Mischung nichtvorhandene Korrelationen vorgetäuscht oder vorhandene Korrelationen verdeckt bzw. in der Richtung umgewandelt werden können. Da man hier irreführende Ergebnisse erhalten kann, ist die Berechnung an solchem Material sinnlos. Die Form der Verteilung der x-Werte dagegen hat — zumindest was die Berechnung der Funktion $y = f(x)$ betrifft — keinen Einfluß.

Bei einer Untersuchung der Berechnung der Regressionsgleichung in der Form $y = a + bx$ läßt sich zeigen, daß die Varianz der Bestimmung des Regressionskoeffizienten b umgekehrt proportional der Summe der Abweichungsquadrate für die x-Werte und die Varianz der Bestimmung des freien Gliedes a umgekehrt proportional der Anzahl der Wertepaare ist. Kann man a priori annehmen, daß eine lineare Korrelation vorliegt, so sollten wegen dieser Fehlerabhängigkeit die x-Werte, für welche eine direkte Bestimmung der y-Werte (also des Gehaltes an Begleitkomponente) ausgeführt wird, möglichst weit voneinander entfernt liegend ausgewählt werden, um den Fehler der Regressionsgleichung möglichst gering zu machen.

Ferner ist aus der Gleichung (2) ersichtlich, daß der Zahlenwert des Regressionskoeffizienten von der Summe der Quadrate der Abstände zwischen den einzelnen x-Werten und dem Mittelwert $\bar{x}$ abhängt. Daraus folgt, daß x-Werte, die sehr stark vom Mittelwert $\bar{x}$ abweichen (sogenannte Mammutwerte), einen relativ weit stärkeren Einfluß als die anderen x-Werte auf den Zahlenwert des Regressionskoeffizienten ausüben. Deshalb sollten für die Berechnung der Regressionsgleichung die in der absoluten Häufigkeit sowieso geringen Mammutgehalte bei den x-Werten nicht verwendet werden, auf jeden Fall jedoch dann nicht, wenn sie merklich außerhalb der wahrscheinlichen Richtung der Regressionsgeraden liegen, damit die „beste" Regressionsgerade für die überwiegende Mehrzahl der Wertepaare erhalten wird.

Der Vollständigkeit halber sei hier noch darauf hingewiesen, daß in einigen Fällen bei der Einschätzung der wirtschaftlichen Bedeutung beigemengter Elemente eine Berechnung der Vorräte nach dem angegebenen Verfahren — in erster Linie dann, wenn es sich um neu erschlossene Lagerstätten handelt, in denen sich die Erkundung noch in den ersten Stadien befindet — nach KALENOW (1958) zu schwerwiegenden Fehlern bei der Beurteilung der Gehalte und der Vorräte eines bestimmten seltenen Elementes führen kann. Dieser mögliche Fehler ergibt sich jedoch nicht aus dem angewandten Verfahren, sondern aus der in den frühen Stadien der Erkundung noch meist ungenügenden Kenntnis der natürlichen Konzentration der Begleitelemente in den Haupterzmineralien und der Art der Aufbereitung des Rohhaufwerks.

Zum Abschluß dieser Betrachtungen soll die zweckmäßige Reihenfolge der einzelnen Arbeitsgänge bei der Anwendung der korrelativen Methode dargelegt werden:

1. Ermittlung der Form der Abhängigkeit (linear, nichtlinear); bei nichtlinearer Abhängigkeit Versuch der Umwandlung in eine lineare durch Transformation der Werte; evtl. Prüfung auf Linearität.
2. Berechnung der Tabelle 1 als Grundlage für die Bestimmung der gesuchten Werte und Prüfgrößen.
3. Berechnung des Korrelationskoeffizienten r aus der Gleichung (4).
4. Beurteilung des Korrelationskoeffizienten, d. h. Prüfung der Null-Hypothese mit den Werten der Tabelle 3.
5. Berechnung des Regressionskoeffizienten b.
6. Aufstellung der Regressionsgleichung.
7. Berechnung der gesuchten y-Werte für die gegebenen x-Werte aus der gefundenen Regressionsgleichung.

Zusammenfassung

Bei einer Reihe von Lagerstätten besteht ein korrelativer Zusammenhang zwischen den Gehalten an Hauptelement und Begleitelement in den Proben. In diesen Fällen ist es oft vorteilhaft, zur Bestimmung der Gehaltswerte für das Begleitelement die Korrelationsrechnung anzuwenden. Es wird an einem Beispiel gezeigt, auf welche Weise — ausgehend von einer bestimmten, kleinen Anzahl von Wertepaaren — die Regressionsgleichung, welche die Abhängigkeit der Gehaltswerte voneinander darstellt, ermittelt wird. Es sind die Bedingungen aufgezählt, die bei der Anwendung der Korrelationsrechnung erfüllt sein müssen, und die Prüfverfahren auf Linearität und Stärke des Zusammenhanges zwischen den Merkmalwerten angegeben. Ferner ist dargelegt, wie zweckmäßigerweise die Auswahl der Wertepaare zu treffen ist. An Hand einer Betrachtung des Fehlerverhaltens des gesuchten Mittelwertes für den Gehalt an Begleitelement wird gezeigt, welche Erhöhung der Genauigkeit dieses Mittelwertes sich durch die Anwendung der Korrelationsrechnung gegenüber der direkten Methode ergibt.

Резюме

У ряда месторождений существует корреляционная зависимость между главными элементами и элементами-примесями в пробах. В таких случаях целесообразно пользоваться корреляционным методом для определения содержания элементов-примесей. На примере показано, как исходя с определенного небольшого числа пар величин составить уравнение регрессии, отражающее взаимную зависимость этих величин. Перечисляются условия для применения корреляционного метода, указывается способ проверки линейности и степени зависимости величин. Далее указывается, как производить целесообразный выбор пар величин. На примере поведения ошибок искомого среднего — содержания элементов-примесей — показано, в какой степени повышается точность этого среднего при применении корреляционного метода по сравнению с методом непосредственного вычисления.

Summary

As there is a correlative relation between the contents of primary and accessory element in the samples of a number of deposits, the calculus of correlation is often used with advantage in the determination of values for the contents of the accessory element. Proceeding from a clearly defined small number of pairs of values, an example serves to explain the determination of the equation of regression showing the interdependence of the values obtained for the contents. The conditions are specified to be carried out in the use of the calculus of correlation, and methods are indicated to verify the linearity and degree of relation between characteristic values. The error behaviour of the mean value to be found for the content of the accessory element is considered, and serves to show the increase of its accuracy as a result of the substitution of the calculus of correlation compared with the direct method.

Literatur

BINTIG, K.-H.: Zur Theorie der Vorratsberechnung von Begleit- oder Spurenelementen. — Z. angew. Geol. 5, H. 12 (1959).
HALD, A.: Statistical Theory with Engineering Applications. — New York/London 1952.
KALENOW, A. D.: Zur Einschätzung der Gehalte und der Vorräte beigemengter Elemente. — Z. angew. Geol. 4, H. 4 (1958).
SCHARAPOW, I. P.: Zur Theorie der Vorratsberechnung von Begleitelementen. — Raswedka i Ochrana Nedr, H. 1 (1957).
WEBER, E.: Grundriß der biologischen Statistik für Naturwissenschaftler, Landwirte und Mediziner. — Jena 1957.
WENEZKIJ, I. G. & G. S. KILDISCHEW: Lehrbuch der mathematischen Statistik. — Moskau 1956.

Beitrag zur Methodik ingenieurgeologischer Karten

RUDOLF HOHL, Halle

In der DDR und in Westdeutschland, aber auch in anderen Staaten, sind in den letzten fünf, z. T. auch zehn Jahren eine ganze Reihe von Arbeiten erschienen, die sich in oft recht unterschiedlicher Weise mit „Baugrundkarten", „Ingenieurgeologischen Karten" u. a. m. befassen. Dabei wurden sowohl Spezialkarten als auch Übersichtskarten in kleinerem Maßstab behandelt. Es sei nur an die bekannten Arbeiten von A. GRAUPNER, Hannover, (1951, 1953, 1955/56, 1958) erinnert.

Die wesentlichste Literatur auf dem Gebiet der ingenieurgeologischen Karten wurde in den Arbeiten von R. KÖHLER & A. THOMAS (1958, 1959) sowie von K. WÄCHTER (1958) zusammengestellt und teilweise mehr oder weniger ausführlich diskutiert. Es ist nicht die Absicht des vorliegenden Aufsatzes, dazu Stellung zu nehmen und die einzelnen Darstellungsversuche kritisch zu beleuchten. Hier soll vielmehr ein etwas andersartiger Versuch zur Diskussion gestellt werden, wie er vom Verfasser im Verlaufe mehrerer Jahre in „Übungen zur Ingenieurgeologie" mit Studierenden der Fachrichtung Geologie (3. bzw. 4. Studienjahr) an der Martin-Luther-Universität Halle-Wittenberg langsam entwickelt und später ergänzt worden ist.

Ausgang unserer Betrachtung ist, daß eine ingenieurgeologische Karte weniger für den Geologen und verwandte Berufe als vielmehr für den Bauingenieur, den Planer usw. bestimmt ist. Daher muß eine Darstellung gefunden werden, die auch für den Nichtgeologen lesbar und verständlich ist, also keine oder, falls das nicht möglich ist, nur wenige geologische Fachausdrücke enthält bzw. diese in die Sprache des Bauingenieurs übersetzt.

Es erscheint außerdem wichtig, möglichst viel auf der Karte zu bringen, um verschiedene Parallelkarten oder Deckpausen zu vermeiden. Auch größere Erläuterungen, etwa in Buch- oder Heftform, wie bei den geologischen Spezialkarten i. M. 1:25000, sind ungeeignet, da sie den praktischen Gebrauch der Karten belasten und ein mehrfaches Nachschlagen notwendig machen. Wer selbst in der Praxis steht, weiß, daß so etwas immer unerwünscht ist, weil es Zeit kostet, und — deshalb oft — nicht durchgeführt wird (gleiches gilt überdies für langatmige Gutachten mit z. T. völlig überflüssigen geologischen Spezialkapiteln, bei denen erfahrungsgemäß doch nur die Zusammenfassung gelesen und leider auch oft nur verwendet wird).

Zudem sollten auf ingenieurgeologischen Karten, anders als bei den geologisch-agronomischen Karten des Norddeutschen Flachlandes alten Stils, nicht nur die Bodenschichten bis 2 m, sondern möglichst bis 5 oder 10 m Tiefe dargestellt werden.

Diesem Ziel werden keine Kartenserien gerecht, die auf Grund von Bohrungen und anderen Unterlagen versuchen, die geologischen Verhältnisse an der Oberfläche, in 2 m, 5 m und 10 m Tiefe einzutragen, weil die gerade für die Beurteilung der Bodenschichten als Baugrund wichtigen Zwischenmeter fehlen, die obersten 2 m aber im allgemeinen (vom Straßenbau abgesehen) nur in ihrem unteren Teil interessieren, da in unseren Breiten frostfrei bei $\pm$ 1 m gegründet wird und die bis in diese Tiefe anstehenden Lagen bei dem Aushub der Baugrube entfernt werden müssen (Schachtboden i. S. von A. GRAUPNER).

Es wäre aber ungenügend, wollte man auf einer ingenieurgeologischen Karte nur die Baugrundverhältnisse selbst angeben. Es interessieren z. B. auch die Grundwasserverhältnisse, die Möglichkeit der Gewinnung von Baustoffen, die Bewachsung u. a. m.

Jeder Geologe, der viel mit Technikern zu tun hat oder selbst technisch interessiert ist, weiß, daß es für einen Ingenieur nichts Klareres und Zweckmäßigeres gibt als eine Karte mit einer Tabelle, aus der man möglichst vielseitige Werte und Beurteilungen ablesen kann. Man könnte meinen, daß die Mannigfaltigkeit der Fragestellung eine solche Darstellung von ingenieurgeologischen Karten nicht gestattet. Ich hoffe, nachstehend das Gegenteil beweisen zu können. Freilich muß sich der Ingenieur immer darüber im klaren sein, daß auch durch eine noch so gute ingenieurgeologische Karte, selbst im Maßstab des Meßtischblattes 1:25000 oder gar 1:10000, für den speziellen Fall eine genaue ingenieurgeologische Untersuchung nicht ersetzt werden kann. Eine solche Karte gestattet aber einen Überblick, und das um so eher, je größer der Maßstab ist und je genauer die Unterlagen sind, die bei der Bearbeitung zur Verfügung standen. Dabei haben aber auch ingenieurgeologische Übersichtskarten im Maßstab 1:200000 für Vor- bzw. Großplanungen durchaus ihre Berechtigung.

Ausgegangen wird von „Ingenieurgeologischen Einheiten", d. h. von geologischen Einheiten mit im ganzen gleichen ingenieurgeologischen Verhältnissen. Es interessiert dabei z. B. nicht, ob eine Flußterrasse (Sand, Kies) unter 0,5 bis 1,5 m Lehmbedeckung zum mindelglazialen Fluß e oder zum rißglazialen Fluß g oder zum würmglazialen Fluß d gehört. Ebensowenig, ob der geringmächtige Lehm der Decke in die eine oder in die andere Eiszeit zu stellen ist, sofern sich die Schichten ingenieurgeologisch gleichartig verhalten, also z. B. auch in ihrer Grundwasserführung. Die ingenieurgeologische Einheit heißt „Lehm über Sand und Kies", wobei auch Mächtigkeit und Unterlage in der Tabelle erfaßt werden, sofern dies notwendig und möglich ist.

Mit Hilfe der geologischen Spezialkarte, von Schürfen, Bohrungen usw. ist es dem geübten Geologen durchaus möglich, in weiten Gebieten recht sichere Voraussagen über die Ausbildung der Bodenschichten bis 10 und mehr Meter Tiefe machen zu können, sofern er sein Arbeitsgebiet kennt. Regionalgeologische Kenntnisse sind durch nichts anderes zu ersetzen, am allerwenigsten bei der ingenieurgeologischen Interpretation und Bearbeitung von Kartenblättern. Wer freilich ohne das nötige Wissen und ohne Erfahrungen an geologische Kartenblätter herangeht, um sie für angewandt geologische Arbeit zu verwenden, wird vielfach Schiffbruch erleiden. Das ist auch der Grund dafür, daß Bauingenieure, Wasserwirtschaftler, Baustoffachleute u.a.m. dabei wenig Erfolg haben und dann meinen, die geologische Karte sei falsch. Meist liegt es nur daran, daß der Betreffende nicht weiß, was die Karte darstellen will, wie und wann sie aufgenommen wurde, u. U. auch von wem und wie sie gelesen bzw. umgedeutet werden muß.

Ingenieurgeologische Karten in größerem Maßstab haben nur dort Sinn, wo größere Bauvorhaben geplant oder möglich sind, also im Bereich von Städten und deren Randgebieten, in neuen Industriebezirken, im Raum eines intensiven ländlichen Bauwesens usw. Es wäre völlig verfehlt, wollte man zu jedem geologischen Meßtischblatt zusätzlich ein ingenieurgeologisches liefern.

Besonders im Gelände von Städten ist im allgemeinen genug Beobachtungsmaterial, vielfach aus mehreren Jahrzehnten, vorhanden und wird nicht genügend genutzt. Meist gilt es nur, sich auf Stadtbauämtern, bei Bohrbetrieben, in Ziegeleien usw. das herauszuholen, was nicht bereits in den Archiven der Geologischen Dienste erfaßt ist.

K. WÄCHTER (1958) hat für Magdeburg gezeigt, was Ausdauer und Geschick auch dort erreichen können, wo das Archivmaterial zunächst mager ist. Mit der Entwicklung des Zentralen Geologischen Fonds in Berlin dürfte sich in einer Reihe von Jahren auch hier manches in positivem Sinne ändern.

Beispiel für eine ingenieurgeologische Karte

Das geplante Beispiel ist i. M. 1:50000 gehalten, es stammt aus dem Raum Halle—Leipzig, ist aber kein Ausschnitt aus einer wirklichen Karte, sondern wurde aus verschiedenen Unterlagen schematisch erarbeitet, um auf geringem Raum möglichst viele, ingenieurgeologisch unterschiedliche Einheiten darstellen und erläutern zu können. Es ist aber beabsichtigt, in dieser Art zunächst bestimmte, im Rahmen des Bebauungsplanes der nächsten Jahre liegende Teilstücke des Großraumes Leipzig zu bearbeiten. Dabei könnte durchaus der Maßstab 1:25000 gewählt werden, gegebenenfalls aber auch 1:100000.

Noch kleinere Maßstäbe gestatten keine genaue Aufteilung mehr, größere scheitern oft an der Genauigkeit der vorhandenen geologischen Spezialkarten und verlangen zuvor umfangreiche Geländearbeiten, die Zeit

Schema für die Verstellung ingenieurgeologischer Karten

Lfd. Nr.	Legende	Legende (farbig)	Symbol (litholo-gisch)	Beschreibung des Materials	Symbol (geolo-gisch)	Geologische Bezeichnung	Mächtigkeit m	Ausbildung des Liegenden	Standfestigkeit (Baugruben, Gräben)	Setzungs-gefährdung	Zustands-formen (bind. Böden bzw. Sonder-fälle)	Bearbeitbarkeit nach DIN 1962
1	2	3	4	5	6	7	8	9	10	11	12	13
1.		gelb	S, G	Sand u. Kies, etwa 1 m tief verlehmt, gelegentlich mit bis 10 cm mächtigen Schlufflagen	dse	Mittelpleistoz. Flußschott. (Riß-Eisz.)	6 bis 8 m	Tonig-sand., stein. Lehm u. Mergel (Geschiebemergel)	i. a. in den oberen Lag. ausreichend, tiefer Ausbau erforderlich	gering; Setzungen rasch ausklingend	zuoberst etwa 1 m schwach bindig, tiefer rollig	leichter Boden (Schaufel und Spaten)
2.		braun	L	Lehm, sandig, mit regellos verteilten größeren u. kleineren Steinen, ab ± 1,5 m Tiefe kalkhaltig, gelegentlich m. dünnen Sandlagen	dm	Geschiebelehm u. -mergel (Riß-Eisz.)	3 bis 7 m	Sand und Kies (Flußschotter)	gut; kleine Sandlagen in niederschlagsreich. Zeiten, u. U. ausfließend u. nachrutschend	langsame, aber fast immer gleichmäß. Setzungen	bis ca. 2,5 m halbfest, tiefer steif	mittl. Boden (Spitz- u. Breithacke), z. T. fester Boden (Findlinge)
3.		braun mit gelben Strichen	L / S, G	Lehm wie 2. über Sand und Kies wie 1.	dm / dse	Geschiebelehm über Flußschottern (Riß-Eisz.)	< 2 m L über 6 bis 8 m S, G	Tonig-sand., stein. Lehm u. Mergel	i. a. ausreichend, z. T. Ausbau erforderlich	wie 2. bzw. 1.	halbfest; Sand u. Kies rollig	mittlerer bis leichter Boden
4.		hellbraun	£	Lößlehm u. Löß (Schluffböden), etwa 2 m tief schichtig u. verlehmt	d/	Lößlehm u. Löß (Würm-Eiszeit)	2,8 bis rd. 6 m	Lehm wie 2.	in trockenem Zustand standfest, bei Wasserzutritt Verschlämmung u. Fließneig.	unterschiedl., u. U. nicht unerhebl., besonders bei Erschütterung	Lößlehm; halbfest bis steif, Löß: schwach bindig	leichter Boden (Schaufel und Spaten)
5.		gelb mit braunen Strichen	S / L	Sand, fein, mit Schluffbändern über Lehm wie 2.	ds / dm	Geschiebesand über Geschiebemergel (Riß-Eisz.)	1,5 bis 2,2 m S üb. > 5 m L	Sand und Kies wie 1.	Lose Sande erfordern Ausbau	meist gering, z. T. wegen Schlufflag. unterschiedlich	rollig; Mergel: halbfest bis steif	leichter bis mittlerer Boden (Schaufel, Spaten, Spitzhacke)
6.		hellblau	L / S, G (wf.)	Tonig-feinsandig. Lehm ü. wasserführd. Sanden u. Kiesen im Tal d. Flusses e	a	Holozäne Talbildg.	0,8 bis 1,8 m Lehm ü. 5 m bis 6 m S, G	> 10 m mächt. grauer, toniger Schluff	Unter der Talsohle nur bei Wasserhaltung u. Ausbau	langsam, nicht immer gleichmäßig	Lehm: steif, z. T. weich	leichter, z. T. mittlerer Boden (Spaten, Hacke)
7.		hellblau m. kleinen braunen Querstrich.	L_t	Schluffiger Lehm mit bis 0,8 m mächt. Torflagen in Nebentälern	a_h	Holozäne Bachablagerungen	0,4 bis 2,5 m L über Kiessand	Sand u. Kies wie 1. od. Lehm wie 2.	ähnlich 6., Wasserzudrang geringer	u. U. erheblich, Torflagen auskoffern u. durch Kies ersetzen	steif, z. T. weich, an der Basis ggf. Schwimmsand	leichter Boden (Schaufel, Spaten)
8.		rot	P	Felsgestein (Quarzporphyr)	P	Quarzporphyr (Unt. Rotliegend.)	über 30 m	—	gut; Gräben nur durch Sprengarbeit	keine	—	Felsen, nur durch Sprengen lösbar
9.		braun m. roten Strichen	L / P	Lehm wie 2., bis 2 m mächtig über Felsgestein wie 8.	dm / P	Geschiebelehm (Riß-Eiszeit) üb. Quarzporphyr	< 2 m L über > 30 m P	—	gut	unbedeutend bis keine	Lehm: hart	mittlerer Boden (Spaten, Hacke) u. Sprengfelsen
10.		schwarz	A	Aufgefülltes Gelände (angeschütteter Boden)	A	—	4 bis 6,5 m	Sand u. Kies, steiniger Lehm wie 1. bzw. 2.	nur bei entsprechendem Ausbau u. Sicherung	ganz unterschiedlich und u. U. ungleichmäßig	ungleichartig	mittlerer, z. T. fester Boden (Bauschnitt)

Lfd. Nr.	Tragfähigkeit nach DIN 1054	Gründungsart	Verdichtbarkeit	Wasserführung	Frostgefährdung	Frostschutzschicht bei trock. bzw. nass. Untergrund b. 400 m ü. NN (Mindesttiefe des Erdbauplanums unter FOK)	Spezielle Baugrunduntersuchung	Bohrbarkeit u. Bohrhärte	Verwendbarkeit als Baustoff	Vorhandene Gewinnungsstätten	Bewachsung	Bemerkungen
	14	15	16	17	18	19	20	21	22	23	24	25
1.	bei 1 m Gründungstiefe 2 bis 4 kg/cm²	Flächengründung flach	durch Stampf- u. Rüttelgeräte	Grundwasser im Mittel tiefer als 4,5 m	i. a. keine, ggf. Schlufflagen frostveränderlich	unnötig (15 cm Sauberkeitsschicht)	i. a. nicht erforderlich; Schürfe reichen	gut (Schappe, Ventilbohrer) III	Bausand, Betonzuschlag	Gruben östlich x-Dorf; kleine Gruben westlich y-Dorf	Ackerland, gut durchlässig, trocken	Erschließung weiterer Gruben möglich; Vorsicht im Gebiet alter Gruben (Auffülle)
2.	rd. 2 bis 3,0 kg/cm²	Flächengründung flach	durch Stampfgeräte, Walzen, Rammen	in geringmächt. Sandlagen in d. nassen Jahreszeit u. U. wenig Sickerwasser	mäßig frostveränderlich	20 bis 30 cm (50 bis 60 cm)	in schwierigeren Fällen zweckmäß.; bei vorlieg. Erfahrg. nicht nötig	schwer (Schappe, Spirale) V	obere 1,5 m bedingt zur Ziegelherstellung	keine	Ackerland, Staunässe	Material enthält z. T. große Steine (Findlinge)
3.	rd. 2,5 bis 3,0 kg/cm²	Flächengründung flach	durch Stampf- bzw. Rüttelgeräte	u. U. wenig Sickerwasser im Lehm; Grundwasser tiefer als 6 m	mäßig bis kaum frostveränderlich	20 bis 30 cm (50 bis 60 cm)	wie 2.	gut bis schwer (Schappe, Spirale) III b. IV	L wie 2.; S, G wie 1.	keine	Ackerland, etwas Staunässe	wie 2. bzw. 1.
4.	bei 1,8 bis 2 kg/cm² i. a. keine gefährlichen Setzungen beobacht.	Flächengründung flach, bei größeren Gebäuden ggf. tief	durch Stampfgeräte, Walzen, Rammen	gering, nach einiger Zeit Wasseransammlung in Baugruben	stark frostveränderlich	30 bis 40 cm (60 bis 70 cm)	unbedingt erforderlich, da Material stark wechselt	gut (Schappe, Spirale) II b. III	Dammbaumaterial, Ziegelherstellung	Lehmgrube der Ziegelei VEB (K) . . . westlich k-Dorf	Acker- u. Gartenland, staubig bzw. schlammig (Regen)	Material trocken halten, auch Baugruben, sonst ggf. Verschlammung u. Rutschungen
5.	rd. 2 bis 2,5 kg/cm²	Flächengründung flach, ggf. Wanne vorsehen	ebenso, ggf. auch Rüttelgeräte	an der Grenze von Sand und Lehm Wasserandrang	kaum bis mäßig frostveränderlich	20 cm (50 bis 60 cm)	bei größeren Lasten zweckmäßig	gut bis schwer (Schappe, Spirale, Ventil) II b. IV	Bausand bedingt (S)	keine	Ackerland, trocken	Wasser an der Grenze S/L kann durch rd. 10 m tiefe Versickerungsbohrung verbohrt werden
6.	rd. 1,0 bis 1,5 kg/cm²	Flächengründung flach, evtl. Gebäude weg. Wasser hochziehen	—	Grundwasser in rd. 1,5 m Tiefe, betonangreifend	frostveränderlich (Lehm)	30 bis 40 cm (60 bis 70 cm)	infolge wechselnder Stärke der Lehmdecke empfehlenswert	gut bis schwer wie 5.	Lehm als Ziegelrohstoff	Lehmgrube E. Müller 1 km westl. y-Dorf	Wiese, naß	im Frühjahr und Sommer hochwassergefährdet
7.	rd. 1,0 kg/cm²	Flächengründung flach, ggf. Pfahlgründung	—	Grundwasser in 0,4 bis 1 m Tiefe, u. U. stark betonangreifend	frostveränderlich (Lehm)	30 bis 40 cm (60 bis 70 cm)	zweckmäßig, da spezielle Ausbild. nur durch Bohrungen erkennbar	wie 6.	keine	keine	Wiese, z. T. nasser Bruchwald	wie 6.; Gelände z. T. stark sumpfig
8.	> 15 kg/cm²	Flächengründung flach	—	keine Wasserführung	keine	unnötig	—	Kern- oder Meißelbohrung VII	Splitt, Schotter	Stbr. 0,8 km nordöstl. von E-Stadt	Nadelwald, trocken	Steinbruch, erweiterungsfähig
9.	> 4 kg/cm²	Flächengründung flach	—	höchstens etwas Sickerwasser am Gehänge	Lehm, mäßig frostveränderlich	20 cm (50 bis 60 cm)	kaum notwendig	wie 8., nur in d. Decke IV	wie 8.	entfällt	Nadelwald, z. T. Staunässe	wie 8.
10.	bei 1 kg/cm², evtl. auch mehr	Flächen- bzw. Pfahlgründung	—	Wasser in unterschiedlicher Tiefe, stark betonangreifend	wechselnd frostveränderlich	entfällt bzw. 30 bis 40 cm (60 bis 70 cm)	immer zweckmäßig, da sonst keine Bewertung möglich	schwer (Schappe, Spirale) IV bis V	keine	entfällt	z. T. Ackerland und Gärten	nicht überall erfaßt, da z. B. die Lage älterer Kiesgruben z. T. unbekannt ist

und Geld kosten, ohne daß oft allzu viel mehr herauskommt als bei einer Karte i. M. 1:25000 bzw. 1:50000. Daher sollte man solche Arbeiten auf ganz spezielle Fragen, z. B. auf Standortstudien für neu zu errichtende Werke usw. beschränken, wo allerdings auf zusätzliche, z. T. auch etwas tiefere Bohrungen nicht verzichtet werden kann.

Es ist selbstverständlich, daß auf den Karten auch die Gebiete alten oder jetzigen Bergbaues (Tiefbau und Tagebau) dargestellt werden müssen, ebenso die Bergbau- und Trinkwasserschutzgebiete, um überflüssige Planungen von vornherein zu verhindern.

Im vorliegenden Beispiel (Abb. 1) wurde aus Zweckmäßigkeitsgründen eine Reihe unterschiedlicher ingenieurgeologischer Einheiten ausgeschieden, die in Schwarz-Weiß-Technik zur Darstellung gebracht werden. Bei der Anfertigung solcher Karten für Projektierungsbüros, Planungsstellen, Wirtschaftsräte usw. sollte aber in jedem Einzelfall einer farbigen Kartendarstellung der Vorzug gegeben werden, da sich geologische und in gleicher Weise ingenieurgeologische Karten in farbiger Darstellung leichter lesen lassen als solche in Schwarz-Weiß-Druck. Um zu erläutern, wie bei unserem Beispiel jeweils die farbige Darstellung auszuführen wäre, wurde sie in der Tabelle mit beschrieben.

Folgende ingenieurgeologische Einheiten wurden gewählt:

1. Sand und Kies (Flußschotter)
2. Lehm mit regellos verteilten Steinen (Geschiebelehm bzw. -mergel)
3. Steiniger Lehm (Geschiebelehm), weniger als 2 m mächtig, über Sand und Kies (Flußschotter)
4. Lößlehm und Löß
5. Sand, 1,5 bis 2,2 m mächtig, meist fein und gelegentlich mit Schluffbändern über steinigem Lehm (Geschiebesand über Geschiebemergel)
6. Tonig-feinsandiger Lehm über wasserführenden Sanden und Kiesen in der Talaue des Flusses e (Auelehm über Flußschottern)
7. Schluffiger Lehm mit bis 0,6 m mächtigen Torflagen über verschiedenem, im allgemeinen sandig-kiesigem oder lehmig-steinigem Untergrund (Anschwemmungen in kleinen Bachtälern über Flußschottern oder über Geschiebemergel)
8. Felsgestein (Quarzporphyr)
9. Steiniger Lehm, bis 2 m mächtig, über festem Felsgestein (Geschiebelehm über Quarzporphyr)
10. Aufgefülltes Gelände (angeschütteter Boden)

Es wurde versucht, Felsboden mit und ohne Bedeckung mit lockeren Massen, rollige, schwach bindige und bindige Bodenarten, z. T. sich überlagernd, bei tieferem und oberflächennahem Grundwasser sowie aufgefüllte Massen in einem einzigen Kartenausschnitt zu zeigen. Die von A. GRAUPNER (1953) entwickelte Einteilung in Schachtboden (0 bis 2 m) und Lastboden (bis 10 m unter Gelände) ist in gewissem Sinne in die beigefügte Tabelle eingearbeitet.

Zu einer ingenieurgeologischen Karte gehört zweckmäßig noch ein genereller Profilschnitt in denselben Farben oder in derselben Darstellungsweise wie auf der Karte selbst. Nach Möglichkeit sollen darin Angaben über die wasserführenden Schichten oder die Grundwasseroberfläche des obersten Grundwasserleiters eingetragen sein, um die Darstellung zu ergänzen. Im vorliegenden Falle wurde der Schnitt, der auf der Karte eingetragen ist, von WNW nach ESE gelegt und ist durch die Bezugspunkte A und B gekennzeichnet (Abb. 2).

Auf die Eintragung von Bohrungen wurde in vorliegendem Beispiel verzichtet, um das Kartenbild nicht zu belasten. Sind wenige tiefere Bohrungen vorhanden, müssen sie unbedingt auf der Karte selbst gebracht werden. Hat man zahlreiche Bohrlöcher zur Verfügung, empfiehlt sich die Beigabe eines gesonderten Bohr- bzw. Deckblattes, auf dem die Bohrungen eingetragen werden. Auch hier sollte man aber vermeiden, sämtliche Bohrungen aufzuführen, wenn sie im einzelnen nichts Wesentliches oder Neues bringen. Besonders bei flachen Baugrundbohrungen auf engstem Raum dürfte dies oft der Fall sein, so daß man gut auf einen großen Teil verzichten kann.

In der beigefügten Tabelle wurden folgende Rubriken für die einzelnen ingenieurgeologischen Einheiten aufgestellt, ohne daß hier eine nähere Erklärung erfolgen soll:

1. Laufende Nummer der ingenieurgeolog. Einheit (Nr. 1 bis 10)
2. Legende (schwarz-weiß)
3. Legende (farbig); hier ist beschrieben, wie die in Schwarzweiß-Technik vorliegende Karte farbig gezeichnet werden müßte.
4. Symbol (lithologisch-petrographisch)
5. Beschreibung des Materials
6. Symbol (geologisch)
7. Geologische Bezeichnung
8. Mächtigkeit in m
9. Ausbildung des Liegenden der beschriebenen ingenieurgeologischen Einheit
10. Standfestigkeit (Baugruben und Gräben)
11. Setzungsgefährdung
12. Zustandsform bei bindigen Böden bzw. Bemerkung über andere Böden (z. B. Schwimmsand)
13. Bearbeitbarkeit nach DIN 1962 (Technische Vorschriften für Bauleistungen, Erdarbeiten)
14. Tragfähigkeit nach DIN 1054 (Gründungen und zulässige Belastung des Baugrundes). Erfahrungsgemäß wird durch bodenmechanische Untersuchungen oft ein z. T. wesentlich höherer Wert zu erhalten sein, als in der Norm festgelegt ist.

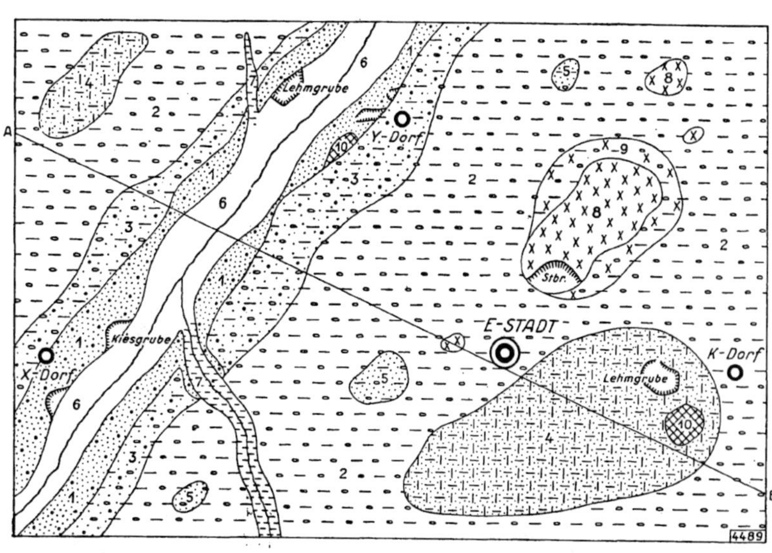

Abb. 1. Schematische ingenieurgeologische Karte im Maßstab 1:50000 (mit einzelnen Ortslagen und Gewässern, im übrigen ohne Topographie) Erläuterungen vergleiche beigefügte Tabelle

15. Gründungsart
16. Verdichtbarkeit
17. Wasserführung (Sickerwasser, Grundwasser, einschl. Möglichkeit von Versickerungsbohrungen)
18. Frostgefährdung
19. Frostschutzschicht im Straßenbau bei trockenem Untergrund in Höhenlagen von weniger als 400 m über NN (nach „Richtlinien zur Verhütung von Frostschäden an Straßen", herausgegeben vom Unterausschuß der KdT mit Tabelle in Anlehnung an SIEDEK). In Klammern ist die Mindesttiefe des Erdbauplanums unter Fahrbahnoberkante (FOK) angegeben. Näheres, auch bezüglich höherer Lagen für andere Gebiete, ist der Arbeit von F. HÄNICHEN (1959, S. 58) zu entnehmen.
20. Spezielle Baugrunduntersuchung (Angabe, ob bodenmechanische Prüfungen notwendig oder zweckmäßig sind)
21. Bohrbarkeit und Bohrhärte (nach einer Tabelle des VEB Geolog. Bohrungen)
22. Verwendbarkeit als Baustoff
23. Vorhandene Gewinnungsstätten (auch stillgelegte)
24. Bewachsung
25. Bemerkungen (z. B. alte Tiefbaugebiete, Hochwassergebiete, Auftreten von Findlingen, Erweiterungsfähigkeit von Abbaustätten usw.)

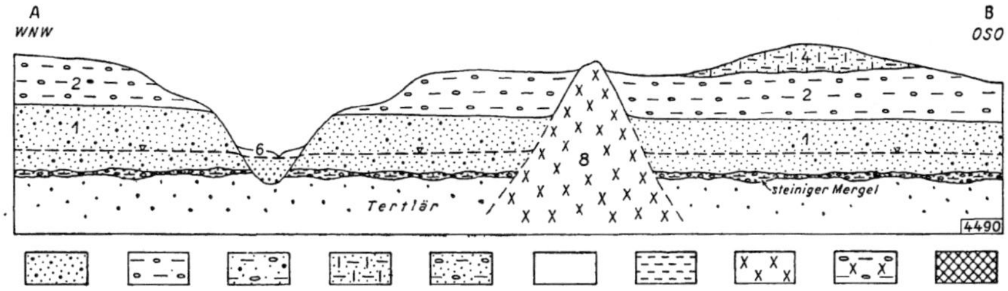

Abb. 2. WNW—ESE-Schnitt (vgl. Abb. 1) mit Angabe der Grundwasseroberfläche, im übrigen Erläuterungen wie Abb. 1

In der vorliegenden Aufstellung erscheint alles Wesentliche berücksichtigt, was sich in gebotener Kürze und Klarheit tabellarisch erfassen läßt. In Zusammenschau von Kartenbild und Tabelle dürfte dem Planer und dem projektierenden Ingenieur eine Möglichkeit in die Hand gegeben sein, auf einfache, schnelle und bequeme Weise den Untergrund bestimmter Räume erfassen und im ganzen vorausschauend beurteilen zu können.

Zusammenfassung

Es wird der Entwurf einer ingenieurgeologischen Karte im Maßstab 1 : 25 000 zur Diskussion gestellt, zu der eine Tabelle mit 25 Rubriken gehört. Auf der Tabelle sind die auf der Karte ausgeschiedenen ingenieurgeologischen Einheiten erläutert und werden bezüglich Eignung als Baugrund, Baustoffe usw. bewertet.

Die Art der Darstellung scheint dem Bedürfnis nach Anschaulichkeit und schnellerer Orientierungsmöglichkeit bei der Planung und Vorprojektierung von Bauwerken entgegenzukommen.

Резюме

Здесь ставится на обсуждение проект инженерно-геологической карты масштаба 1:25000 с приложением таблицы с 25 графами. В таблице объясняются выделенные на карте инженерно-геологические единицы и оцениваются относительно их пригодности как строительный грунт, строительный материал и т. д.

Способ изображения вероятнее всего соответствует потребностям наглядности и более быстрой возможности ориентироваться при планировании и предварительном проектировании построек.

Summary

A discussion is presented on an engineering-geological map 1/25 000 with a table arranged in 25 columns attached to it. Engeneering-geological units eliminated on the map are explained in the table and are evaluated as to their suitability for foundation soil, building materials, etc.

The way of description appears to satisfy the demands of clearness and more rapid orientation in the planning and pre-design work of buildings.

Literatur

GRAUPNER, A.: Die Baugrundgeologie von Hildesheim. — Jb. Amt f. Bodenforsch. f. 1943 bis 1948, Hann./Celle, **64**, S. 349—402, 1951.
— Beispiele ingenieurgeologischer Baugrundkarten und Baugrundkarteien. Vorträge der Baugrundtagung Hannover 1953. — Eigenverlag Deutsche Gesellschaft f. Erd- und Grundbau e. V. Hamburg, S. 64—80, 1953.
— Inhalt und Bedeutung von Baugrundübersichtskarten für Planungsaufgaben. — Neues Arch. für Niedersachsen (Landeskunde Statistik Landesplanung), **8** (13), 3, S. 232, Hannover 1955/56.
— Ingenieurgeologische Kartierung von Felsböden. — Die Bautechnik, **35**, S. 245—248, 1958.
GRAUPNER, A. & W. DIENEMANN: Der Aufbau der Stadt Hannover. Dritte Denkschrift. Der Baugrund. — Herausgegeben von der Bauverwaltung der Hauptstadt Hannover, 1951.
HÄNICHEN, F.: Bemessung der Dicke von Frostschutzschichten (nach einem Vorschlag von SIEDEK). — Straßentechnik, Beil. z. Bauplanung-Bautechnik, **7**, S. 58—60, 1959.
KÖHLER, R. & A. THOMAS: Über den Stand der ingenieurgeologischen Kartierung in der DDR. — Z. angew. Geol., **5**, S. 86—94, 1959.
— Von der Bodenkarte zur Baugrundkarte. — „Bergakademie", **11**, S. 479—488, 1959.
WÄCHTER, K.: Ingenieurgeologische Kartenwerke als Unterlage für die Stadt- und Dorfplanung. — Bauplanung-Bautechnik, **12**, S. 307—310, 1958.

Geochemische Prospektion auf Schwerspatgänge im Raum Warmbad Wolkenstein (Erzgeb.)

(Vorläufige Mitteilung)

KARL-HEINZ BERNSTEIN, Freiberg (Sa.)

Vom Geologischen Dienst Freiberg sind im Jahre 1959 zwischen Warmbad Wolkenstein und Hopfgarten Untersuchungsarbeiten auf Schwerspat durchgeführt worden. Zur Feststellung des übertägigen Verlaufs der schwerspatführenden Gänge wurde eine neue geochemische Prospektionsmethode entwickelt, um die anzulegenden Schurfgräben möglichst kurz zu halten und dadurch Mittel einzusparen.

Testversuche

In schon ausgehobenen Schurfgräben entnahm man in 0,5 und 1,0 m Tiefe Bodenproben (etwa 100 g), und zwar an beiden Stößen des Schurfes. Der Abstand der Proben voneinander betrug 1 m. Das gröbere steinige Material (Durchmesser größer als 5 mm) wurde schon bei der Probenahme ausgelesen, das feinere lehmige Material getrocknet und fein aufgerieben. Die so vorbereiteten Proben wurden in ausgebohrte Spektralkohlen gestopft und im Gleichstromdauerbogen abgebrannt. Die Spektralaufnahmen erfolgten mit dem Dreiprismenglas-Spektrographen FD-S der Rathenower Optischen Werke. Die Auswertung der Spektralplatten geschah visuell mit einem einfachen Spektrenprojektor mit 20facher Vergrößerung (Fabrikat ROW). Dabei wurden folgende Linien benutzt:

Ba 4554 Å Ba 4934 Å

Störeffekte durch Banden oder Fremdlinien traten nicht auf. Die festgestellten relativen Intensitäten wurden in Diagrammen dargestellt. Abb. 1 zeigt ein solches Diagramm (1b) mit der entsprechenden Schurfdokumentation (1a). Deutlich ist unterhalb des Schwerspat-Hornstein-Ganges eine erhebliche Zunahme der

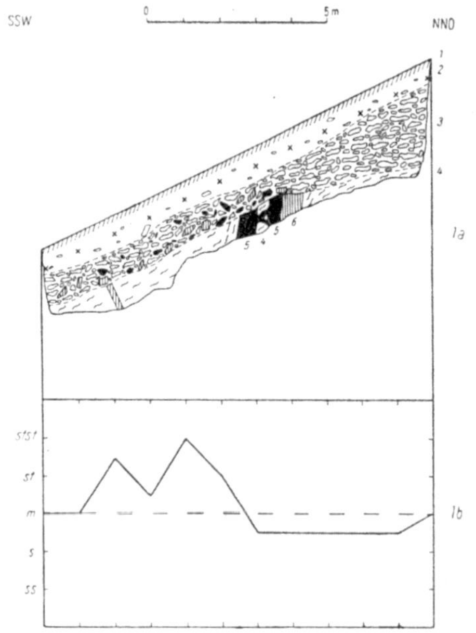

Abb. 1a. Dokumentation des Schurfes Warmbad Wolkenstein 1/59, NW-Stoß. Neigung der Schurfoberkante 25° nach SSW

Zeichenerklärung:
1 — Mutterboden; 2 — Lockermassen, lehmig-sandig, wenig steinig; 3 — Lockermassen, vorherrschend steinig, mit Schwerspatbrocken (schwarz); 4 — Anstehendes (Gneis); 5 — Schwerspat, im Gang anstehend; 6 — Hornstein; X = Entnahmepunkt einer Bodenprobe

Abb. 1b. Geochemisches Profil — Ba-Verteilung in Bodenproben —. Probeabstand 1 m, Probetiefe 0,5 m unter Schurfoberkante. Probeart Greifproben

Erklärung der Abkürzungen:
stst = sehr stark
st = stark
m = mittel
s = schwach
ss = sehr schwach
— = durchschnittlicher Ba-Pegel im gangführenden Gebiet

Die Angaben beziehen sich auf die visuell festgestellten Intensitäten der Spektrallinien. Die Intensitäten entsprechen den relativen Ba-Konzentrationen der Bodenproben

Ba-Konzentration in den spektralanalytisch untersuchten Bodenproben zu bemerken. Auf Grund der durchgeführten Testversuche kann folgendes gesagt werden:

1. Die obenbeschriebene geochemische Prospektionsmethode ist grundsätzlich geeignet, Schwerspatgänge oder auch schwerspatführende Gänge zu lokalisieren.
2. Die einfache Probenvorbereitung und die — im Gegensatz zu vielen anderen Verfahren — ebenfalls einfache Auswertung der Spektralaufnahmen sind die Voraussetzung für eine wirtschaftliche Anwendung dieser Methode bei der geologischen Erkundung gangförmiger Schwerspatlagerstätten.
3. Der Probenabstand darf höchstens 2 m betragen. Günstiger ist jedoch im gangführenden Gebiet ein Abstand von 1 m.
4. Die Ba-Konzentration der Bodenproben steigt unterhalb des Ganges, sowohl in 0,5 als auch in 1 m Teufe, erheblich an. Allerdings zeigen die Proben aus 0,5 m Tiefe einen ausgeprägteren Verlauf in der Ba-Konzentrationskurve und erscheinen deshalb besser geeignet.
5. Der gröbere Anteil der Bodenproben enthielt nur geringe Ba-Mengen, die bei oder unter dem Normalpegel lagen. Lediglich bei der Existenz von Schwerspatbröckchen traten im steinigen Material nennenswerte Ba-Gehalte auf.

Prospektionsmethode

Nach Durchführung der Testversuche, die etwa gleichzeitig mit dem Schurfprogramm liefen, mußte ein gewisser Vorsprung für die Prospektion geschaffen werden, um die weiteren Schürfe nach den Ergebnissen der geochemischen Prospektion ansetzen zu können. Auf Grund der Einfachheit der Methode gelang dies auch.

Im unverritzten, ganghöffigen Gebiet wurden Profile quer zum Gangverlauf gelegt. Auf diesen Profilen wurden durch Stockbohrungen bis 0,5 m Tiefe in 1 m Abstand Proben entnommen. Bedingt durch die geringe Tiefe traten bei der Probenahme keine größeren Schwierigkeiten auf. Die Probemenge war sehr gering (dies wirkte sich beim Aufreiben günstig aus), genügte aber durchaus für die Spektralaufnahmen. Die Probenvorbereitung, die Aufnahme der Proben und die Auswertung erfolgten ebenso wie für die Testversuche. Die Abb. 2b zeigt ein solches geochemisches Profil auf Ba. Auf Grund des geochemischen Profils wurde ein Schurf abgesteckt und ausgehoben. Die Dokumentation dieses Schurfes ist auf Abb. 2a dargestellt. Einwandfrei ist der enge Zusammenhang zwischen geochemischem Profil und dem im Schurf aufgeschlossenen Gang zu erkennen. Vom anstehenden Gang aus zieht sich mit der (hier nicht erheblichen) Hangneigung eine „Fahne" von Schwerspatbrocken und Resten roter Gangletten fast bis zum Mutterboden hin. Dort sind auch die Ba-Konzentrationen in den Bodenproben am höchsten.

In der gleichen Weise wurden weitere Schürfe angesetzt, die fast sämtlich den Gang erreichten. Es ist bemerkenswert, daß die Gänge auch bei sehr geringer Schwerspatführung (5 cm und weniger) noch, wenn auch weniger charakteristische Indikationen aufwiesen. Mit der (im Schurf dann nachträglich festgestellten!)

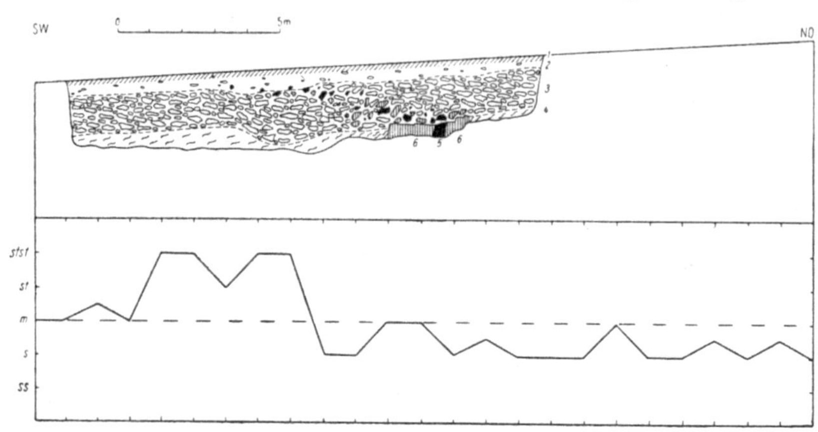

Abb. 2a. Dokumentation des Schurfes Warmbad Wolkenstein 6/59, NW-Stoß. Neigung der Schurfoberkante 3° nach SW (Zeichenerklärungen vgl. Abb. 1a)

Abb. 2b. Geochemisches Profil — Ba-Verteilung in Bodenproben —. Probeabstand 1 m, Probetiefe 0,5 m, Probeart Bohrstockproben. Bemerkung: Der Schurf (Abb. 2a) wurde nach Vorliegen der geochemischen Prospektionsergebnisse ausgehoben (Erklärungen vgl. Abb. 1b)

Mächtigkeit der Gänge an Schwerspat nimmt die Ba-Konzentration in den Bodenproben zu bzw. werden die Ba-Indikationen ausgeprägter. Aber auch bei fast schwerspatfreien Gangteilen, die nur aus roten Ganglettenbestanden, trat eine merkliche Ba-Indikation auf.

Zusammenfassung

Gangverlauf und Schwerspatführung der Gänge konnten im Untersuchungsgebiet durch geochemische Prospektion hinreichend festgelegt werden. Durchgeführte Schürfe dienten zur notwendigen Kontrolle sowie zur Untersuchung des anstehenden Ganges selbst. Bei gleicher Anzahl von Schurfmetern konnte durch Anwendung der geochemischen Prospektionsmethode ein etwa 5mal so großes schwerspathöffiges Gebiet mit derselben Intensität untersucht werden.

Резюме

В районе исследований методом геохимических поисков был вполне удовлетворительно установлен ход жил и наличие тяжелого шпата. Для исследования жил и для контроля проводились шурфы. При одинаковом количестве шурфовых метров и одинаковой интенсивности проводимых работ методом геохимических поисков можно было исследовать в 5 раз большую территорию перспективную на залежи тяжелого шпата.

Summary

Geochemical prospecting enabled the development and barite bearing of veins to be sufficiently determined in the area of investigation. Prospecting operations served for the necessary control and investigation of the outcropping vein itself. The investigation of a barite bearing area nearly five times as large, under conditions including the same number of prospecting meters, was made possible by geochemical prospecting with the same intensity.

Chemische Analyse durch Eluierung mit Chelatbildnern am Ionenaustauscher

Aluminium–Eisen-, Calcium–Magnesium-Trennung

GUIDO FRIESE, Berlin[1])

Einleitung

Die analytische Trennung mit Chelatbildnern[2]) in Verbindung mit dem Ionenaustausch führt zu Bestimmungsmethoden, die nicht nur zeitsparend, sondern in der Selektivität für Kationen und Anionen und auch in der Genauigkeit den klassischen Verfahren häufig überlegen sind.

Die Äthylendiamin-tetraessigsäure bildet mit Metallkationen Chelate von unterschiedlicher Stabilität (SCHWARZENBACH 1956). Diese unterschiedliche Stabilität der Metallchelate kann unter geeigneten p_H-Bedingungen zu einer Selektion herangezogen werden. Die Beständigkeit der ÄDTA (Äthylendiamin-tetraacetat)-Chelate weist eine starke p_H-Abhängigkeit auf, so daß außer den 1:1-Chelaten $MY^{\nu-4}$, in stark saurer Lösung noch Hydrogenchelate $MHY^{\nu-3}$ und in basischen Lösungen, je nach dem p_H-Wert, Hydroxochelate mit unterschiedlichen Äquivalenten Hydroxylionen als Koordinationspartnern, entstehen. Erstrebenswert ist jedoch die Bildung von stabilen 1:1-Chelaten, da sich dann bei chelatometrischen Titrationen am Endpunkt die Metallionenkonzentration sprunghaft ändert. Der pM-Sprung kann durch geeignete Endpunktsindikationen, die auf den pM-Wert ansprechen, gemessen werden. Entsprechend dem Wasserstoffionenexponenten p_H ist pM als der negative Logarithmus der Metallionenkonzentration — log [M] definiert.

Trennungsmöglichkeiten mit Ionenaustauschern sind durch Adsorption oder durch Austausch von Ionen, die an Austauscher gebunden sind, gegen andere Ionen, die sich in einem den Austauscher umgebenden Lösungsmittel befinden, gegeben. Dies ist bei der punktorientierten Austauschadsorption durch polare COULOMBsche Kräfte, bei der nicht orientierten Allgemeinadsorption durch VAN DER WAALSsche Kräfte und bei den dazwischenliegenden Wasserstoffbrückenbindungen durch LONDONsche Kräfte möglich (GRIESSBACH 1953). Infolge dieser verschiedenen Bindungen lassen sich in Ionenaustauschersäulen infolge der unterschiedlichen Ladung und Affinität Trennungen von Ionen und Molekülen durchführen. Um eine selektive Abtrennung zu ermöglichen, werden neben den natürlichen Adsorptionsmitteln (Montmorillonite, Humuskörper) insbesondere synthetische Harzaustauscher (Kondensations- und Polymerisationsharze) verwendet. Den Kationen- und Anionenaustauschern stehen Austauscher mit spezifischer Wirkung zur Seite, bei denen durch Anwendung von Komplex- und Chelatbildnern oder durch Beladung mit einfachen Ionen dem Harz eine verstärkte selektive Adsorptionswirkung verliehen wird (BLASIUS & WACHTEL 1954; GREGOR, TAIFER, CITAREL & BECKER 1952).

Aufgabenstellung

Am häufigsten wird für die Untersuchung von Brennstoffaschen jenes analytische Verfahren, das in der Laboratoriumsvorschrift des Kokereiausschusses vom 2. Juni 1934 angegeben ist, in mehr oder weniger modifizierten Formen angewandt. Die Trennung und Bestimmung der Aschenbestandteile nach den klassischen Methoden liefert genaue Werte, ist jedoch umständlich und langwierig.

Der Ionenaustausch und die Chelatometrie sind für eine schnellere Ausführung vieler analytischer Bestimmungen gut geeignet. Es wurde darum der Versuch unternommen, die Ionenaustauscher in Verbindung mit den Chelatbildnern für einen Trennungsgang in der Brennstoffaschen-Analyse einzusetzen und dazu eine einfache und genaue Methode auszuarbeiten, die einen weit geringeren Zeitaufwand erfordert als die klassischen Verfahren.

Aluminium–Eisen-, Calcium–Magnesium-Trennung

Chelatometrische Simultantitrationen von Aluminium und Eisen sind in zusammenfassenden Darstellungen eingehend diskutiert worden (FLASCHKA & ABDINE 1955; FLASCHKA 1955; WEHBER 1957). Dabei

[1]) Eingang des Manuskriptes in der Redaktion: 25. 4. 59

[2]) Chelatverbindungen sind Komplexe im WERNERschen Sinne. Substanzen, die zwei oder mehr Gruppen mit Donatoreigenschaften enthalten, sind mit Metallionen zur Chealtbildung befähigt. Das dabei entstehende Molekül zeichnet sich abhängig von den Donatorgruppen des Chelatbildners und der Koordinationszahl des Metalles durch einen oder mehrere Ringe aus.

zeigte sich, daß sowohl pM-Indikatoren als auch Redoxindikatoren durch eine hohe Fremdionenkonzentration ungünstig beeinflußt werden. Die potentiometrische Endpunktsanzeige wird von komplexbildenden Ionen durch Verkleinerung des Potentialsprunges ebenfalls behindert (PATZAK & DOPPLER 1957). Eine Maskierung großer Mengen von Aluminium und Eisen durch Hilfskomplexbildner oder durch Extraktion oder durch Fällungsmittel für die chelatometrische Titration des Calciums und des Magnesiums ist recht kompliziert und macht aus diesem Grunde die Bestimmung schwierig.

Der stark wechselnde Gehalt an Aluminium und Eisen, wie auch die in hohem Maße schwankenden Calcium- und Magnesiumkonzentrationen in Erzen oder Brennstoffaschen, lassen diese Titrationsmethoden in vielen Fällen versagen. Es ergab sich nun die Frage nach einem geeigneten einfachen Verfahren zur Abtrennung des Aluminiums und Eisens von Calcium und Magnesium.

Untersuchungen über das Verhalten des Eisen(III)-ÄDTA-Chelates haben gezeigt (SCHWARZENBACH & HELLER 1951), daß das Chelation FeY^- eine hohe Stabilität besitzt und daß die Chelatbildung schnell und im stöchiometrischen Verhältnis eintritt, während beim Aluminium die Bildung bedeutend langsamer vor sich geht. Bei Zimmertemperatur treten daher in vielen Fällen Unterbefunde an Aluminium auf (MILLNER & WOODHEAD 1954), d. h., daß sich das Chelation AlY^- bei dieser Temperatur nicht vollständig bildet. Durch Erhitzen der Lösung wird die Bildung quantitativ.

Von den je nach dem p_H-Wert sich bildenden Chelaten haben die 1:1-Chelate des Aluminiums und Eisens einen recht großen Beständigkeitsbereich, so daß die p_H-Einstellung innerhalb weiter Grenzen weitestgehend variiert werden kann. In dem für die quantitative Trennung uns interessierenden p_H-Bereich von 3,0—5,5 erfolgt bei der Neutralisation dieser Chelate keine Aufnahme von Hydroxylionen. Demnach liegen in diesem p_H-Bereich die Chelationen AlY^- und FeY^- vor. Es ist also für eine Trennung erforderlich, den p_H-Wert so zu wählen, daß die Calcium- und Magnesium-ÄDTA-Chelate dissoziiert sind, zum anderen aber, daß für Aluminium und Eisen quantitative Chelatbildungen gewährleistet sind. Das heißt, daß die scheinbare Stabilitätskonstante K′ (SCHWARZENBACH 1956), die ein Maß für die Beständigkeit eines Chelates bei einer bestimmten Wasserstoffionenkonzentration darstellt, für Calcium und Magnesium $\log K' < 3$ sein muß, um ein Eingreifen der zweiwertigen Ionen — Calcium und Magnesium — in das Gleichgewicht der Chelatbildung der dreiwertigen Ionen zu verhindern. Aber auch $p_{H\min}$ (JATZIMIRSKI 1955), der p_H-Wert, bei dem quantitative, eben noch titrierbare Metallchelatbildungen möglich sind, darf nicht unterschritten werden.

Bei p_H 4,0 ist die scheinbare Stabilitätskonstante für ÄDTA-Chelate:

$$\log K' = \log K - 8{,}4$$

K ist die Stabilitätskonstante für das sich bildende Chelat. Die log K′-Werte sind demnach für Ca^{2+}: 2,2 und für Mg^{2+}: 0,2. Somit greifen beide Ionen durch die aciditätsbedingte Dissoziation nicht in das Gleichgewicht ein.

Der $p_{H\min}$ für Aluminium und Eisen ist durch das Aluminium, das den höheren $p_{H\min}$-Wert mit ~3,6 hat, festgelegt. Wenn man nun noch die auf das Chelat auflockernd wirkenden Fremdionen berücksichtigt, erscheint p_H 4,0 für die Aluminium–Eisen-, Calcium–Magnesium-Trennung als der günstigste Wert.

Die auf diesen p_H-Wert eingestellte und mit ÄDTA versetzte Analysenlösung kann durch einen Kationenaustauscher, der durch Vorbehandlung mit Natriumionen in die Na^+-Form gebracht worden ist, getrennt werden. Beeinflußt wird der Ionenaustauschvorgang im „Filter" von der Größe und der Ladung der Ionen. Die Affinität der Austauscher mit Sulfonsäuregruppen steigt bei den Alkalien in der Reihenfolge der Ionengrößen, infolge der schwach polarisierend wirkenden SO_4^{2-}-Ionen, an (GRIESSBACH 1953).

Die Calcium- und Magnesiumionen haben entsprechend ihrer Wertigkeit eine höhere Affinität als die Natriumionen:

$$Na^+ < Mg^{2+} < Ca^{2+}$$

Es wird also Natrium gegen Calcium und Magnesium quantitativ und stöchiometrisch ausgetauscht und vom Kationenaustauscher aufgenommen, während Aluminium und Eisen als negativ geladene Chelate in den Durchlauf gehen. Der Überschuß des Chelatbildners wird dann zurücktitriert. Als Endpunktsindikation dient Vanadin(V)-ÄDTA-Chelat (SAJÓ 1956), aus dem das Vanadin durch Zinkionen verdrängt wird und mit Diphenylcarbazon am Titrationsende in Rot umschlägt. Der Farbumschlag des Indikators ist reversibel.

Anschließend können Calcium und Magnesium bei p_H 11,0 mit ÄDTA eluiert und im Eluat durch Rücktitration des ÄDTA gegen den pM-Indikator Eriochromschwarz T bestimmt werden (SCHWARZENBACH & BIEDERMANN 1948). Aus der titrierten Lösung wird danach das Calcium mit Ammonoxalat gefällt. Um zu erreichen, daß das Löslichkeitsprodukt des Calciumoxalates überschritten wird, muß das Calcium-ÄDTA-Chelat aufgelockert werden. Eine quantitative Fällung ist in schwach saurem Gebiet möglich (PŘIBIL & FIALA 1952), da das Calcium-ÄDTA-Chelat nur oberhalb eines bestimmten höheren p_H-Wertes stabil ist. Über die Möglichkeiten, das Calcium vom Magnesium bei verschiedenen p_H-Werten durch selektive Eluierung zu trennen und anschließend zu titrieren, sind Versuche im Gange.

Eine maßanalytische Eisenbestimmung mit Oxydationsmitteln nach vorheriger Zerstörung des ÄDTA aus dem Aluminium- und Eisen-Durchlauf ist leider nicht möglich, da die großen Mengen Acetat, die vorher zur Stabilisierung der Aluminium- und Eisen-ÄDTA-Chelate zugesetzt werden müssen, das scheinbare Redoxpotential Fe^{2+}/Fe^{3+} verfälschen (BOCK & HERMANN 1953). Das Eisen muß also gesondert bestimmt und von der Summe Aluminium und Eisen abgezogen werden.

Reagentien und Lösungen

37,22 g Dinatriumsalz der Äthylendiamin-tetraessigsäure, z. B. Chelaplex III vom VEB Berlin-Chemie, werden in durch Ionenaustauscher gereinigtem oder bidestilliertem Wasser gelöst und auf 1000 ml aufgefüllt. Die 0,1 m-Lösung wird gegen Zinksulfatlösung eingestellt und ist einer 0,1 m-Lösung zwei- oder dreiwertiger Ionen äquivalent. Die Aufbewahrung erfolgt in Polyäthylenflaschen.

Indikatoren

Vanadin(V)-ÄDTA-Chelat: 1,22 g Ammoniummetavanadat + 3,72 g ÄDTA werden in Natronlauge gelöst und auf 100 ml aufgefüllt (I).

Diphenylcarbazon: 1,0 g Diphenylcarbazon wird in 100 ml Äthanol gelöst (II). Für eine Titration verwendet man drei Tropfen (I) und 2 ml (II).

Eriochromschwarz T: 1 g Eriochromschwarz T wird mit 100 g Natriumchlorid gut vermischt. Für eine Titration verwendet man etwa 50 mg Indikatormischung.

Pufferlösungen

Pufferlösung p_H 5,3: 0,8 Mol Natriumacetat + 0,2 Mol Essigsäure auf 1000 ml aufgefüllt.

Pufferlösung p_H 12,5: 0,8 Mol Natriumacetat + 0,2 Mol Natronlauge auf 1000 ml aufgefüllt.

Pufferlösung p_H 10,0: 70 g Ammonchlorid + 570 ml Ammoniak (Dichte 0,91) auf 1000 ml aufgefüllt.

Pufferlösung p_H 11,0 + 0,05 Mol ÄDTA: 0,25 Mol Borsäure + 0,25 Mol Natronlauge + 0,05 Mol ÄDTA auf 1000 ml aufgefüllt.

Alle Pufferlösungen werden in Polyäthylenflaschen aufbewahrt.

Kationenaustauscher

Den Kationenaustauscher Wofatit KPS 200, Korngröße 0,1—0,2 mm, läßt man zwei Tage in Wasser quellen und füllt dann die Austauschersäulen mit dem Harz. Säulendimension: h = 17 cm, q = 3,15 cm². Fließgeschwindigkeit 100 ml/Std. Das Harz wird mit 4 m Salzsäure gereinigt und anschließend mit Natriumchlorid beladen. Wenn der Durchlauf den gleichen p_H-Wert anzeigt wie die reine Natriumchloridlösung, befindet sich der Austauscher in der Na^+-Form. Die Säule wird mit destilliertem Wasser nachgewaschen und ist nun betriebsfertig.

Beleganalysen

Die unten angeführte Arbeitsvorschrift wurde zunächst durch Modellanalysen aus analysenreinen Reagentien überprüft. Tabelle 1 gibt eine Zusammenstellung der Ergebnisse.

Tabelle 1

	gegeben mg	gefunden mg	Abweichung mg	rel. Fehler %
Modellanalyse I				
Al_2O_3	19,60	19,65	+0,05	+0,26
Fe_2O_3	15,97	15,98	+0,01	+0,06
CaO	44,86	44,68	−0,18	−0,40
MgO	26,74	26,80	+0,06	+0,22
Modellanalyse II				
Al_2O_3	39,20	39,29	+0,09	+0,23
Fe_2O_3	10,64	10,60	−0,04	−0,38
CaO	67,29	67,41	+0,12	+0,18
MgO	13,37	13,25	−0,12	−0,90
Modellanalyse III				
Al_2O_3	19,60	19,66	+0,06	+0,31
Fe_2O_3	31,94	32,04	+0,10	+0,31
CaO	89,72	89,96	+0,24	+0,27
MgO	26,74	26,77	+0,03	+0,11

Weitere Kurzanalysen wurden an Brennstoffaschen durchgeführt. Tab. 2 zeigt die gefundenen Ergebnisse an Braunkohlenaschen. Mit a sind die Analysenwerte gekennzeichnet, die nach der Arbeitsmethode des Kokereiausschusses vom 2. Juni 1934 gewonnen wurden, mit b die nach der unten angeführten Arbeitsvorschrift erhaltenen.

Die Ergebnisse zeigen, daß die quantitative chemische Trennung nach dem Verfahren möglich ist und die Fehler durchaus in den geforderten Grenzen liegen (GRASSMANN 1959).

Tabelle 2

	a	b	Δ%	a	b	Δ%	a	b	Δ%
Al_2O_3	6,0	6,2	±0,2	2,3	2,4	±0,1	18,6	18,7	±0,1
Fe_2O_3	28,3	28,4	±0,1	10,6	10,6	±0	4,2	4,2	±0
CaO	27,8	27,8	±0	33,8	33,7	±0,1	2,5	2,6	±0,1
MgO	7,4	7,3	±0,1	3,6	3,8	±0,2	0,5	0,5	±0

Zeitbedarf

Für die Analysierung einer Serie von 8 Proben stehen beispielsweise acht Ionenaustauschersäulen, die zu einer Batterie zusammengeschlossen sind, zur Verfügung. Die Säulen sind so miteinander verbunden, daß das Waschwasser aus einem Vorratsgefäß alle acht Austauscher gleichzeitig wäscht. Als Vorratsgefäß dient eine 10-l-Mariottesche-Flasche, die etwa einen Meter über den Säulen steht. Diese halbautomatische Anordnung gestattet es, während der Trennung und während des Austauschvorganges eine andere analytische Operation nebenbei durchzuführen.

Die Trennung und Bestimmung von Aluminium, Eisen, Calcium und Magnesium nimmt etwa zwei Tage in Anspruch. Nicht eingerechnet ist die für die Ausfällung des Calciumoxalates erforderliche Zeit; es kann aber meistens so eingerichtet werden, daß die Fällung über Nacht stehen bleibt.

Arbeitsvorschrift

Die lufttrockene (durch ein 0,2-mm-Maschensieb gehende) Brennstoffprobe wird in einem Veraschungsschälchen aus Quarz in einen kalten Muffelofen eingesetzt. Der Ofen wird langsam auf 815 ± 25° C angeheizt. Die Probe wird so lange in dem Ofen belassen, bis der Kohlenstoff verbrannt ist. Anschließend wird der erkaltete Verbrennungsrückstand auf die Körnung < 0,09 mm gepulvert.

2 g Brennstoffasche werden in einem mit Uhrglas bedeckten 250-ml-Becherglas mit 50 ml halbkonzentrierter Salzsäure versetzt und 20 Minuten lang auf dem siedenden Wasserbad erhitzt. Nach dem Filtrieren des salzsauren Auszuges und Waschen des Löserückstandes wird der Rückstand mit Natriumkarbonat aufgeschlossen. Die Kieselsäure des Löserückstandes und die evtl. im Säurelöslichen befindliche wird in der üblichen Weise abgeschieden, unlöslich gemacht und abgetrennt. Nach der zweiten Restkieselsäureabscheidung wird in einen 500-ml-Maßkolben filtriert. Die Kieselsäure wird mit Flußsäure-Salpetersäure abgeraucht und der Abrauchrückstand mit Natriumkarbonat aufgeschlossen. Es wird in Salzsäure gelöst, zum Filtrat der Kieselsäure gegeben und auf 500 ml aufgefüllt. 50 ml = 0,2 g Einwaage werden abpipettiert und so weit eingedampft, daß der Eindampfrückstand eben noch feucht ist. Dann läßt man 0,5 ml halbkonzentrierte Salzsäure zutropfen und verdünnt mit 20 ml kaltem Wasser. Die Lösung muß vollkommen blank und klar sein. Zu dieser Lösung gibt man einen Überschuß von etwa 30% an 0,1 m ÄDTA gegenüber der Eisen-Aluminium-Menge (A ml). Dann wird der p_H-Wert mit der Pufferlösung p_H 5,3 auf p_H 4,0 erhöht. Die p_H-Einstellung erfolgt elektrometrisch unter Verwendung einer Glaselektrode und einer Kalomelelektrode als Bezugselektrode. Die Analysenlösung wird nun zwei Minuten lang am Sieden gehalten. Die vollkommen klare und auf Zimmertemperatur abgekühlte Lösung wird durch den mit Na^+ beladenen Kationen-

austauscher gegeben und mit Wasser nachgewaschen. Aluminium als AlY^- und Eisen als FeY^- passieren den Austauscher, während Calcium und Magnesium ausgetauscht werden.

Der Aluminium- und Eisen-Durchlauf soll ein Gesamtvolumen von etwa 250 ml haben. Der Überschuß an ÄDTA wird bei $p_H \geqq 5$ zurücktitriert. Zur Erreichung dieses p_H-Bereiches müssen vorher noch 15 ml Pufferlösung p_H 12,5 zugesetzt werden. Dabei steigt der p_H-Wert auf etwa 5,0—5,5 an. Anschließend wird mit 0,1 m Zinksalzlösung gegen Vanadin(V)-ÄDTA-Chelat und Diphenylcarbazon von Gelb nach Rot titriert (B ml).

Calcium und Magnesium werden gemeinsam bei p_H 11,0 mit ÄDTA vom Austauscher gelöst. Man gibt auf den Austauscher einen gemessenen, etwa 50%igen Überschuß, bezogen auf Calcium und Magnesium, von der Pufferlösung p_H 11,0 + ÄDTA und wäscht mit Wasser nach (a ml). Das Eluat soll etwa 200 bis 250 ml Volumen haben. Zu dem Eluat werden 5 ml Pufferlösung p_H 10,0 zugegeben, und dann wird mit 0,1 m Zinksalzlösung zurücktitriert. Die Summe von Calcium und Magnesium wird durch Rücktitration gegen Eriochromschwarz T von Blau nach Weinrot ermittelt (b ml).

Calcium wird in der Siedehitze aus dem austitrierten Eluat mit Ammonoxalat in essigsaurer Lösung, durch Hinzufügen von 5 ml Eisessig, ausgefällt und zum Calciumoxyd verglüht. Das Oxyd wird mit 1 ml Wasser befeuchtet und in 5 ml halbkonzentrierter Salzsäure gelöst. Die Hauptmenge Salzsäure wird abgedampft und die stark eingeengte Lösung in einen Titrierkolben überspült. Aus einem Volumen von 200 ml wird das Calcium durch Substitutionstitration bestimmt. Zu den 200 ml Volumen fügt man 4 ml Pufferlösung 10,0 zu, dann einige Kristalle Magnesium-ÄDTA-Chelat und titriert gegen Eriochromschwarz T von Weinrot nach Blau mit 0,1 m ÄDTA (c ml).

Berechnung

Die Rechenformeln beziehen sich auf 0,1 m Lösungen mit dem Titer 1.

$$\text{A ml ÄDTA} - \text{B ml } Zn^{2+} = \Sigma\text{ml ÄDTA (Al, Fe)}$$
$$\Sigma \text{ ml ÄDTA} - \text{C ml } Ce^{4+} \cdot 5{,}097 = \text{mg } Al_2O_3$$
$$\text{C ml } Ce^{4+} \cdot 7{,}985 = \text{mg } Fe_2O_3$$
$$\text{a ml ÄDTA} \cdot 0{,}5 - \text{b ml } Zn^{2+} = \text{Sml ÄDTA (Ca, Mg)}$$
$$\text{S ml ÄDTA} - \text{c ml ÄDTA} \cdot 4{,}032 = \text{mg MgO}$$
$$\text{c ml ÄDTA} \cdot 5{,}608 = \text{mg CaO}$$

Zusammenfassung

Es wird ein beschleunigtes Verfahren zur Bestimmung von Aluminium, Eisen, Calcium und Magnesium in Brennstoffaschen, Eisenerzen und tonreichen Karbonspäten beschrieben. Das Studium des Verhaltens von Äthylendiamintetraacetat als Chelatbildner und des Kationenaustauschers Wofatit KPS 200 als Adsorbens ergab, daß eine Trennung des Aluminiums und Eisens bei p_H 4,0 von Calcium und Magnesium möglich ist. Das Aluminium und Eisen passiert dabei nach Überführung in die negativen Chelate AlY^- bzw. FeY^- den Kationenaustauscher, während Calcium und Magnesium ausgetauscht werden.

Die Summe Aluminium und Eisen wird durch Rücktitration des überschüssigen ÄDTA mit Zinksalzlösung im Durchlauf bestimmt. Aus einer weiteren aliquoten Menge der Ausgangslösung wird die Eisenbestimmung durchgeführt.

Calcium und Magnesium werden durch einen Überschuß an ÄDTA bei p_H 11,0 vom Ionenaustauscher eluiert und der dabei nicht verbrauchte Überschuß zurücktitriert. Der Calciumgehalt wird nach vorheriger Ausfällung des Calciums als Oxalat und Wiederauflösen des geglühten Niederschlages durch Substitutionstitration mit ÄDTA unter Zusatz vom Magnesium-dikaliumsalz der Äthylendiamin-tetraessigsäure ermittelt.

Резюме

Описывается скоростной метод определения алюминия, железа, кальция и магнезия в золах топлива, в известняках, доломитах и железных рудах.

Изучение качеств раствора комплексона III (EDTA) как образователя хелатов и качеств заменителя катионов вофатита КПС 200 (Wofatit KPS 200) как адсорбирующего материала показало возможность отделения алюминия и железа от кальция и магнезия при рН 4,0. После превращения в отрицательно заряженные хелаты AlY^- или же FeY^- алюминий и железо проходят через катионозаменитель, в то время как кальций и магнезийзаменяются.

Суммарное количество железа и алюминия определяется обратной титрацией остатка раствора комплексона III раствором цинковой соли в прошедшей жидкости. С другого аликвотного количества исходного раствора определяется железо.

Кальций и магнезий элуируют остатком раствора комплексона III из ионозаменителя при p_H 11,0, неиспользованный остаток титрируется обратно. После выпадения кальция в виде оксалата и прокаливания этого осадка, его растворяют и титрируют с помощью комплексона III.

Summary

An accelerated method is described for the determination of aluminium, iron, calcium and magnesium in fuel ashes, iron ores and carbon spars rich in clay. The study of the behaviour of ethylene diamine tetraacetate as a chelating agent and of the cation exchanger „Wofatit KPS 200" as an adsorbent was shown to enable a separation of aluminium and iron from calcium and magnesium at p_H 4.0. After being transferred to negative chelates AlY^- and FeY^- respectively, aluminium and iron pass the cation exchanger during the separation, while calcium and magnesium are exchanged.

The amount resulting from addition of aluminium and iron is determined during the passage by back titration of excess EDTA using zinc chloride solution. Another aliquot amount of the initial solution is used to carry out the determination of iron.

Calcium and magnesium are eluated from the ion exchanger by an excess of EDTA at p_H 11.0, followed by a back titration of EDTA excess. The determination of the calcium content is preceded by a precipitation of calcium as oxalate and dissolution of the calcinated precipitate by substitution titration with EDTA, with magnesium potassium salt from ethylene diamine tetraacetic acid being added to the solution.

Literatur

BLASIUS, E. & U. WACHTEL: Die Trennung der Platinmetalle mit Hilfe stark basischer Anionenaustauscher. — Z. anal. Chem., **142**, S. 341 (1954).

BOCK, L. & M. HERMANN: Redoxpotentiale in wäßrigen Fe^{3+}/Fe^{2+}-Lösungen. — Z. anorg. allgem. Chem., **273**, S. 1 (1953).

FLASCHKA, H.: Über die Verwendung von Komplexon in der Maßanalyse. — Fortschr. chem. Forsch., **3**, S. 253 (1955).

FLASCHKA, H. & H. ABDINE: Mikrotitrationen mit AeDTA XIII. Eine neue Methode zur Bestimmung von Aluminium. — Mikrochim. Acta., S. 37, 1955.

GRASSMANN, H.: Die chemische Analyse im Dienste der Lagerstättenbemusterung der Staatlichen Geologischen Kommission. — Z. angew. Geol. **5**, S. 108 (1959).

GREGOR, H. P., M. TAIFER, L. CITAREL & E. BECKER: Cheluate Ion Exchange Resins. — Ind. Engng. Chem., **44**, S. 2834 (1952).

GRIESSBACH, R.: Entwicklung und Probleme der Austauschadsorbentien. — Z. elektrochem. Ber. Bunsenges. physik. Chem., **57**, S. 147 (1953).

— Ionenaustauscher, Wesen und Anwendung. — Chem. Technik, **9**, S. 12 (1956).

JATZIMIRSKI, K. B.: Quantitative Characteristics Determining the Use of Complex Compounds in Volumetric Analysis. — Ž. anal. chim., **10**, S. 94 (1955).

MILLNER, G. W. & I. L. WOODHEAD: The Volumetric Determination of Al in Non-ferrous-Alloys. — Analyst., **79**, S. 363 (1954).

PATZAK, R. & G. DOPPLER: Die Bestimmung von Chrom, Eisen und Aluminium mit Äthylendiamintetraacetat bei gleichzeitiger Anwesenheit aller drei Kationen. — Z. anal. Chem., **156**, S. 248 (1957).

PŘIBIL, R. & L. FIALA: Use of Complexones in chemical Analysis XXVIII. Selective Determination of Ca. — Chem. Listy, **46**, S. 331 (1952).

SAJÓ, J.: Magyar Kémiai Folyóirat 62 (1956) S. 176. — Referiert in Z. anal. Chem., **156**, S. 291 (1957).

SCHWARZENBACH, G. & W. BIEDERMANN: Komplexone XI. Die komplexometrische Titration der Erdalkalien und einiger anderer Metalle mit Eriochromschwarz T. — Chimia, **2**, S. 56 (1948).

SCHWARZENBACH, G. & J. HELLER: Komplexone XVII. Die Eisen(II)- und Eisen(III)-Komplexe der Äthylendiamintetraessigsäure und ihr Redoxgleichgewicht. — Helv. chim. Acta, **34**, S. 576 (1951).

SCHWARZENBACH, G.: Die komplexometrische Titration. — F. Enke Verlag Stuttgart 1956.

WEHBER, P.: Chelatometrie XVI. Die komplexometrische Nebeneinanderbestimmung von Eisen-III- und Aluminiumionen. — Z. anal. Chem., **158**, S. 321 (1957).

Gewinnung und Verwendung von Pflastersteinen

HEINZ SCHEUMANN, Freiberg (Sa.)

Bereits im Altertum hat man Plätze und Gehwege mit Steinplatten und Pflastersteinen befestigt. Man folgte hierbei nicht allein praktischen Erwägungen. Schon damals erhielten Plätze in Verbindung mit Bauwerken mitunter ein architektonisches Gepräge. Auch in unseren deutschen Städten können wir oft eine ganz treffliche Harmonie zwischen alten Bauwerken und deren Vorräumen bewundern. Wie weit hierbei künstlerische Willkür oder auch nur die ordnende Hand der Steinsetzer zum Erfolg führten, läßt sich heute oft nicht mehr feststellen. Erstaunlich bleibt, mit welchen einfachen Mitteln und Motiven nicht nur in früheren Jahrhunderten, sondern bereits vor Jahrtausenden eindrucksvolle Plätze gestaltet wurden. Da man meist nur auf die brauchbaren Gesteine der unmittelbaren Umgebung angewiesen war, mußte die Gestaltung vor allem auf ungleich formatisierte Steine und ihre musterhafte Anordnung zurückgreifen. Vielleicht führte eben diese Schlichtheit oft zum Erfolg. Erst nach dem Entstehen eines ausreichenden Eisenbahnnetzes war man in der Lage, Gesteine mit angemessenen Transportkosten über größere Strecken zu transportieren. Der farbige Naturstein konnte erst dadurch als Pflasterstein Bedeutung gewinnen. Die Abbildung 1 zeigt die eindrucksvolle alte Pflasterung des Theaterplatzes in Dresden mit Mosaiksteinen. Verwendung fanden heller Kalkstein, feinkörniger roter Granit und Basalt.

Im Wiederaufbau unserer Städte kommt der Gestaltung der Plätze und Gehwege in Zukunft eine größere Bedeutung zu als bisher. Man ist bestrebt, mit farbigen Natursteinen zu pflastern. Im Bereich des Geologischen Dienstes Freiberg wurden in diesem Zusammenhang Ermittlungen angestellt, welche Gesteine für eine farbige Pflasterung geeignet sind und welche Vorkommen für die Gewinnung in Betracht kommen. Über die Ergebnisse wird nachstehend berichtet.

Bis zum Ausbruch des zweiten Weltkrieges sind in zahlreichen Steinbrüchen der Bezirke Dresden und Leipzig Pflastersteine gewonnen worden, und zwar vorwiegend für Kleinpflaster, in größerem Umfange auch für Großpflaster und zu einem geringeren Teil für Mosaik. Zu Pflaster verarbeitet wurden vor allem die hellgrauen Granite der Lausitz, unter ihnen nahm der Granodiorit eine vorrangige Stellung ein. Rote Granite lieferten die Steinbrüche aus dem Granulitgebirge und einige aus dem Meißener Raum, Porphyre mit dunklen, rötlichen und violetten Farbtönen gewann man in Nordwestsachsen, andere dieses Raumes haben mehr gemischte, unreine Färbung. Häufig sieht man auch Kleinpflaster aus dunkelgrünem Lamprophyr der Lausitz. Als schwarze Kleinpflaster- und Mosaiksteine fanden Basalte der Lausitz und Pyroxenporphyre der Kreise Grimma und Wurzen Verwendung. Die rötlichgrauen Syenite des Dresdener Raumes sind häufig als Großpflaster anzutreffen. Diorite und Granulite hatten schon früher keine nennenswerte Bedeutung als Pflastersteine. Bemerkenswert ist, daß viele Gesteine, die zwar angeschliffen oder naß einen ansprechenden Farbeffekt vermitteln, in trockenem, angerauhtem Zustand nur matte graue Farbtöne abgeben.

Zur Zeit verringert sich die Anzahl der zu Pflaster verarbeiteten Gesteine wesentlich. In vielen Steinbruchbetrieben wurde Pflaster bisher nur als Nebenerzeugnis hergestellt. Man verarbeitete dort nur jene Gesteinspartien, die eine ausreichende Spaltbarkeit hatten. Die Fertigung erfolgte in mühevoller Handarbeit. Es ist erstaunlich, wie viele Betriebe auf dieser primitiven Stufe stehengeblieben sind, obwohl die Natursteinindustrie um die Jahrhundertwende in Deutschland einen bedeutungsvollen Aufschwung genommen hatte.

Der Wiederaufbau der Natursteinindustrie vollzieht sich zur Zeit mit dem Ziel der weitestgehenden Mechanisierung. Es gilt, den Vorsprung, den die Bauindustrie durch eine Teilmechanisierung bereits erlangt hat, in der Baustoffindustrie einzuholen. Die Herstellung von Pflastersteinen mit Spaltmaschinen, wie sie in der Lausitz bereits lange Verwendung finden, erleichtert die schwere Arbeit in den Steinbruchbetrieben bereits sehr. Das setzt aber voraus, daß die Gesteinsverhältnisse in den Brüchen die Gewinnung gut spaltbarer Werkstücke ermöglichen. Alle jene Betriebe, welche die Pflasterherstellung nicht zu einem wesentlichen Produktionszweig gestalten können, werden diese in Zukunft einstellen müssen.

In einigen größeren Betrieben, in denen die Gesteine für die Herstellung von hochwertigem Splitt und Schotter gut geeignet sind, wird die Rekonstruktion dieser Werke ausschließlich auf diese Erzeugnisse abgestimmt. Die Gewinnung von Werkstücken ist in diesen Betrieben nicht mehr möglich, da dort nur noch mit hochbrisanten Sprengstoffen gearbeitet wird. Dies trifft vor allem für die Porphyrgebiete Nordwestsachsens zu.

Porphyre und Basalte haben sich in den vergangenen Jahrzehnten als Kleinpflaster keineswegs so bewährt, wie man ursprünglich annahm. Die Porphyre neigen trotz ihrer hohen Druckfestigkeit zur Rißbildung, und die Straßendecken mit Porphyrpflaster haben bei weitem nicht den guten Erhaltungszustand wie diejenigen, die mit Lausitzer Granodiorit gepflastert sind. Porphyre und Basalte nehmen infolge ihrer Feinkörnigkeit durch die starke Beanspruchung motorisierter Fahrzeuge eine ungewöhnliche Glätte an, die sich bei Nässe und vor allem bei Glatteis als außerordentliche Gefahrenquelle

Abb. 1. Farbiges Mosaikpflaster auf dem Theaterplatz in Dresden

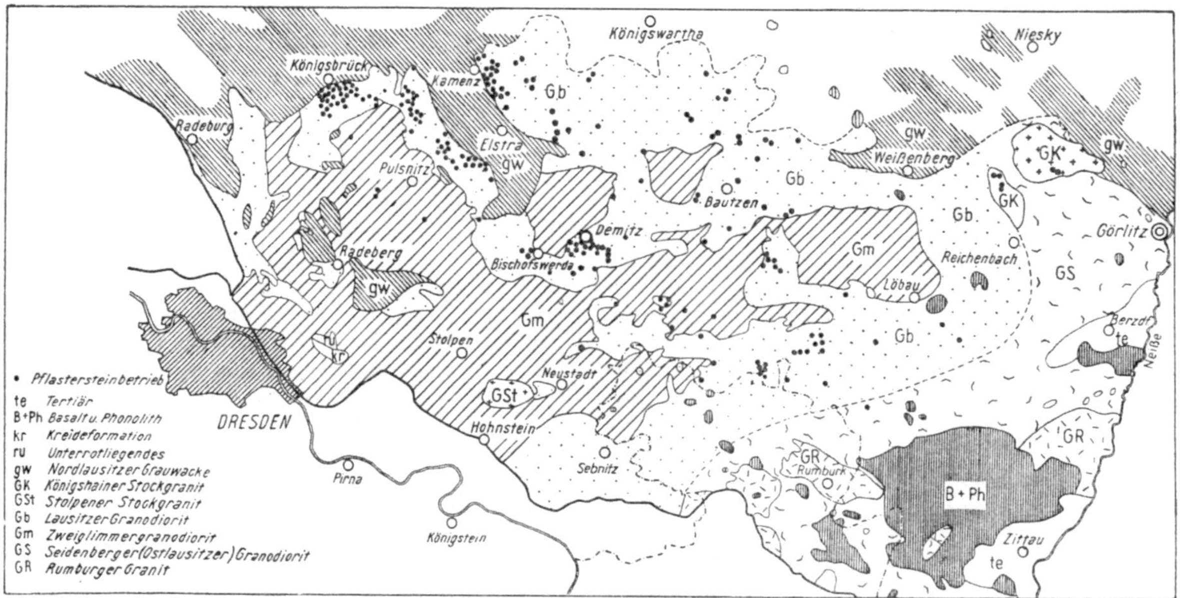

Abb. 2. Lage der Steinbruchbetriebe in der Lausitz, die Pflastersteine herstellen. Geologische Verhältnisse nach K. PIETZSCH

erweist. Die Produktion von Pflastersteinen ist in diesen Betrieben auch deshalb schon fast überall zum Erliegen gekommen, und man beschränkt sich dort ganz auf die Fertigung von Schotter und Splitt. Damit entfallen in Zukunft die schwarzen Gesteine und auch ein Teil der rötlichen, die früher bei farbiger Pflasterung häufig Verwendung fanden.

Diese hier aufgezeigte Entwicklung wird erst nach Jahren zum Abschluß kommen, sie wird aber bald sehr wirksam werden, da die Rekonstruktion einiger größerer Betriebe, für welche die aufgezeigten Einschränkungen bestehen, bald abgeschlossen sein wird.

Nach den durchgeführten Untersuchungen kann gesagt werden, daß als Straßenpflaster ohne Einschränkung im sächsischen Raum nur die Granite in Frage kommen. Zunächst sei hier der Mittweidaer Granit erwähnt, der infolge seines rötlichen Farbtones und seiner sonstigen guten Eigenschaften als farbiger Pflasterstein geeignet ist. Seine Verbreitung ist allerdings gering. Im Elbtal bei Meißen entfallen die meisten Granitvorkommen für die Werksteingewinnung infolge ihrer Klüftigkeit, die durch die starke tektonische Beanspruchung dieses Granitmassivs entstanden ist. Eine Ausnahme bildet der Granit „Rotmeißen“, ein saurer, grobkörniger, ausgesprochen glimmerarmer Stockgranit mit rötlicher Farbe, der den jüngsten Nachschub der granitischen Intrusionen dieses Raumes darstellt und somit die geringste Beanspruchung aufweist. Infolge seiner kompakten Absonderung ist die Gewinnung größerer Werkstücke möglich. Neben der Fertigung von Grabsteinen und Werkstücken für monumentale Denkmäler und andere Bauten werden Gehbahnplatten und Pflastersteine hergestellt.

Unter den granitischen Gesteinen hat der Lausitzer Granodiorit in den vergangenen Jahrzehnten als Werkstein eine vorrangige Stellung eingenommen. Erst nachdem in langer, zäher Arbeit seine Gleichwertigkeit als Pflasterstein mit den schwedischen Graniten nachgewiesen werden konnte, wurde in dem zur Zeit größten Bruch, in Demitz-Thumitz, 1902 die maschinelle Kleinpflasterherstellung aufgenommen. In den zurückliegenden 6 Jahrzehnten hat sich dieses Gestein infolge seiner stets gleichbleibenden Rauhigkeit auf den Straßen Deutschlands bestens bewährt. Viele große, mittlere und kleine Brüche sind in dieser Zeit im Bereich des Granodiorits entstanden. Abb. 2 vermittelt einen Überblick über die Lage derjenigen Betriebe der Lausitz, die in den letzten 20 Jahren Pflastersteine herstellten. Sie liegen vor allem im westlichen Teil des Lausitzer Granodiorits. Es würde an dieser Stelle zu weit führen, wollte man auf die geologisch-gesteinstechnischen Verhältnisse dieses Raumes näher eingehen. Dies soll in einer späteren Betrachtung über die Natursteinindustrie der Lausitz geschehen. Die häufig günstigen Abraumverhältnisse, die meist gute Lagerung des Gesteins und seine ausgezeichnete Spaltbarkeit werden dem Lausitzer Granodiorit nach dem Gesichtspunkt der Wirtschaftlichkeit in Zukunft eine immer größere Vorrangstellung unter den Pflastersteinen der DDR einräumen.

Betrachtet man abschließend das Ergebnis der Ermittlung geeigneter Natursteine für die farbige Pflasterung von Plätzen und Gehwegen, so ergibt sich, daß technisch-wirtschaftliche Erfordernisse unserer Zeit die bisher reiche Auswahl farbiger Gesteine ganz beträchtlich einschränken. Will man den Naturstein auch weiter für dekorative Pflasterung verwenden, so wird man unter Verzicht auf eine reichere Auswahl farbiger Gesteine in der Gestaltung wieder auf die Verwendung ungleich großer Platten und Pflastersteine zurückgreifen müssen. Ohne Zweifel lassen sich mit Platten und Steinen verschiedenen Formats viele reizvolle Motive schaffen. Strebt man indessen einen bunten, dekorativen Farbwechsel an, so wird man fast ausschließlich auf keramische Pflastersteine angewiesen sein. Klinkersteine, die in den holländischen Kleinstädten bei der Befestigung von Gehwegen und Straßen Verwendung finden und eine treffliche Harmonie mit den getönten Klinkerfassaden der Häuser abgeben, sollten ganz auf die Siedlungen mit Backsteinarchitektur in Norddeutschland beschränkt bleiben.

Wie weit sich Betonkunststeine aus farbigem Gesteinssplitt bewähren, kann noch nicht beurteilt werden. Das ist allein von der Beständigkeit des Betons und seiner Haftung am Gesteinssplitt abhängig. Ohne Zweifel gibt es in dieser Richtung noch Entwicklungsmöglichkeiten.

Aeromagnetik im Dienste der Geophysik

H. WOLF, Leipzig

Im Rahmen der geplanten aeromagnetischen Untersuchungen über dem Gebiet der DDR ist im VEB Geophysik ein Literaturbericht, in dem die wichtigsten aeromagnetischen Probleme und Ergebnisse zusammengestellt wurden, angefertigt worden. Der folgende Beitrag soll eine Zusammenfassung dieses Berichtes darstellen.

Das aeromagnetische Prospektionsverfahren kann zur Erkundung eines entsprechend großen Gebietes mit hohem Meßfortschritt und dadurch mit relativ geringen Kosten eingesetzt werden. Berücksichtigt man, daß mit diesem Verfahren 100 bis 150 Profilkilometer pro Stunde vermessen werden können, so zeigt sich, daß sein Hauptvorteil, verglichen mit Bodenmessungen, in der hohen Meßgeschwindigkeit liegt; das führt, wie sich bei Messungen dieser Art in verschiedenen Ländern zeigte, zu einer Kostensenkung gegenüber den Bodenmessungen von mindestens 80%.

Die wichtigsten Instrumente zur Durchführung aeromagnetischer Untersuchungen stellen die Förstersonde, ein nach dem Induktionsprinzip arbeitendes Eisenkernmagnetometer, und das Protonenmagnetometer dar.

Bei Verwendung der Förstersonde ist eine kontinuierliche Messung längs der Flugprofile gewährleistet, so daß auf dieser Strecke keine magnetischen Anomalien übergangen werden können, wie es bei Punktmessungen eintreten kann. Dabei ist jedoch mit der Förstersonde nur eine Meßgenauigkeit von maximal $\pm 2\gamma$ zu erreichen, meist liegt sie aber bei $\pm 5\gamma$ oder darunter. Demgegenüber beruht die aeromagnetische Aufnahme mit dem Protonenmagnetometer auf einer Vielzahl von Einzelmessungen, wobei etwa alle 2 bis 5 Sekunden eine Messung mit einer wesentlich höheren Genauigkeit von $\pm 0{,}5$ bis $\pm 1{,}0\,\gamma$ durchgeführt werden kann. Letzteres stellt einen beachtlichen Vorteil gegenüber der Förstersonde dar.

Die Eigenschaften dieser Meßinstrumente zeigen, daß ein kombinierter Einsatz von Förstersonde und Protonenmagnetometer empfehlenswert ist, wodurch die Kontinuierlichkeit des ersten Gerätes mit der Genauigkeit des zweiten gekoppelt würde. Zweckmäßig erscheint in diesem Zusammenhang auch die Verwendung eines Förstersondengradiometers, das entweder den Horizontalgradienten in Flugrichtung oder den Vertikalgradienten über den Anomalien registrieren kann.

Ferner muß bei aeromagnetischen Untersuchungen berücksichtigt werden, daß die magnetischen Anomalien mit der Entfernung schnell abnehmen und sich damit gegenseitig verwischen, so daß kleinere magnetische Strukturen, die durch magnetische Bodenmessungen nachgewiesen werden, bei aeromagnetischen Messungen in 150 bis 200 m Höhe nicht immer zum Ausdruck kommen. Auf diesem Umstand beruht jedoch ein weiterer Vorteil aeromagnetischer Untersuchungen, der darin besteht, daß die magnetischen Anomalien oberflächennaher, meist wenig interessierender Störungen im aeromagnetischen Meßbild eliminiert werden. Damit ist eine wesentlich größere „Eindringtiefe" aeromagnetischer Messungen gewährleistet.

Die durchschnittliche Genauigkeit, d. h. die Möglichkeit, eine wahrheitsgetreue magnetische Karte aus den aeromagnetischen Meßergebnissen herzustellen, ist außer von der Meßgenauigkeit wesentlich von der Genauigkeit der Lagebestimmung der Flugprofile abhängig.

Zur genauen Lokalisierung der Flugprofile ist ein entsprechendes fotografisches Gebiets-Aufnahmegerät oder ein elektronisches Navigationsgerät erforderlich. Bei letzteren, zu denen u. a. Shoran und Decca gehören, wird das Flugzeug und damit das Profil dadurch lokalisiert, daß die Laufzeit von Radio-Impulsen, die zwischen ihm und zwei Bodenstationen, deren Lage genau bekannt ist, hin- und herlaufen, gemessen wird. Für Richtungsmessungen hat in neuester Zeit das Radar-Navigationssystem, das mit vier Radarstrahlsystemen, die vom Flugzeug aus nach unten gesendet werden, arbeitet, große Bedeutung erlangt. Die Flughöhe muß durch einen oder mehrere Höhenmesser entweder barometrisch oder mit einem Radar-Höhenmesser kontinuierlich registriert werden, damit durch unkontrollierbare Flughöhenschwankungen keine magnetischen Anomalien vorgetäuscht werden.

Der gegenseitige Abstand der Flugprofile bei der Vermessung eines bestimmten Gebietes ist der jeweiligen Aufgabenstellung genau anzupassen. Die Wahl eines ungeeigneten Profilabstandes kann zu vollkommen entstellten Ergebnissen führen, womit — besonders bei zu großem Profilabstand — die von der Messung erwartete Aufschlußkraft verlorengeht.

Bei der Auswertung aeromagnetischer Meßergebnisse sind folgende Arbeitsgänge zu unterscheiden:

1. wahrheitsgetreue Darstellung der Flugprofile;
2. Darstellung der Meßergebnisse in einem konstanten Horizontalmaßstab;
3. Anschluß des im Arbeitsgang 2) „angeglichenen" Profils an den magnetischen Festpunkt;
4. Darstellung der so ausgewerteten Meßergebnisse in magnetischen Karten.

Von besonderer Bedeutung bei aeromagnetischen Messungen ist ein fehlerfreier Anschluß verschiedener Meßergebnisse unter gegenseitiger Übereinstimmung der Anomalienkomponenten. Die hierbei zur Anwendung gelangenden Beziehungen wurden im Literaturbericht angegeben.

Bei der Interpretation aeromagnetischer Meßergebnisse kann man die entsprechenden Verfahren in die folgenden zwei Hauptgruppen unterteilen:

1. Interpretation mit Hilfe von Modellanomalien,
2. Interpretation mit Hilfe der Meßergebnisse allein.

Zu 1. Die Grundlagen zu den Interpretationsverfahren dieser Art bilden entweder Modellversuche im Labor oder die theoretische Berechnung von Modellanomalien. Es kommt hierbei besonders darauf an, die in der Natur am häufigsten vorkommenden Störursachen im Labor durch idealisierte Störkörpermodelle im entsprechend verkleinerten Maßstab darzustellen und diese zu vermessen. Die dabei erhaltenen Ergebnisse können dann mit den in der Praxis gewonnenen aeromagnetischen Meßkurven verglichen werden, was dann eine entsprechende Schlußfolgerung über die den vermessenen aeromagnetischen Anomalien zugrunde liegenden Störursachen ermöglicht.

Zu 2. Neben den Interpretationsverfahren, deren Grundlage das Modell bildet, haben auch die Verfahren eine recht große Bedeutung, die sich lediglich auf die Meßergebnisse stützen und mit deren Hilfe mathematische Operationen durchgeführt werden können. In diesem Rahmen kommt besonders der Tiefenbestimmung geologischer Störkörper bzw. der Grundgebirgsoberfläche mit Hilfe der mathematischen Beziehungen zur Feldfortsetzung nach oben und unten bzw. mittels der Berechnung von Ableitungen der Meßwerte große Bedeutung zu.

Das aeromagnetische Prospektionsverfahren kann zur Lösung einer Vielzahl geologisch-geophysikalischer Probleme eingesetzt werden. Dabei erweist sich der ökonomische Vorteil dieses Verfahrens, speziell bei großräumigen Vermessungen und über schwer zugänglichen Gebieten. Es kann aber gleichzeitig erfolgreich zur Lösung lokalgeologischer Probleme bzw. zur Lagerstättenprospektion eingesetzt werden.

Bei der Ausführung aeromagnetischer Untersuchungen sind prinzipiell zwei Arten von Meßprojekten zu unterscheiden:

1. Vermessung eines relativ langen Einzelprofils,
2. Vermessung eines bestimmten Gebietes auf einer Vielzahl von Parallelprofilen über diesem Gebiet.

Zu 1. Die aeromagnetischen Messungen auf einem einzelnen, relativ langen Profil, das sich teilweise über größere Länder bzw. über einen Kontinent erstrecken kann, sollen einen Querschnitt durch die großräumigen Strukturen des überflogenen Gebietes geben und eine Tiefenbestimmung des Grundgebirges unter diesem Profil ermöglichen. Dabei haben die Ergebnisse rein regionalen Charakter.

Zu 2. Bei Vermessung eines bestimmten Gebietes werden über diesem eine Vielzahl paralleler Profile, die möglichst den gleichen Abstand voneinander besitzen, abgeflogen. Je speziellere Ergebnisse dabei von einem Meßgebiet benötigt werden, eine um so dichtere Profilfolge muß vermessen werden.

Die Grundlagen einer rationellen Klassifikation der metamorphen Karbonatgesteine[1]

P. P. SMOLIN

Während es für die sedimentären und magmatischen Gesteine eine Reihe detaillierter Nomenklaturen gibt, fehlt eine solche für die metamorphen Gesteine. Für die metamorphen Karbonatgesteine sind nur einzelne nichtsystematisierte Namen bekannt, die auch oft nur aus den petrographischen Bestimmungen abgeleitet wurden. In dem Beitrag von SMOLIN wird ein Schema für eine einheitliche Klassifikation metamorpher Karbonatgesteine vorgeschlagen, das auf der mineralischen Zusammensetzung aufbaut. Der Autor erläutert zunächst die üblichen petrographischen Bezeichnungen metamorpher Karbonatgesteine und begründet dann die Grundlagen der von ihm vorgeschlagenen Klassifikation. Er unterscheidet drei Hauptgruppen von Gesteinen: a) vorwiegend karbonatisch — Marmore, die bis 10% metamorphe Silikate enthalten; b) vorwiegend silikatisch — Hornfelse und Skarne, die bis 10% karbonatische Mineralien enthalten, und c) die zwischen den beiden vorhergehenden Gruppen vermittelnde „Kalziphyr"-Gruppe. Der Terminus „Kalziphyr" wurde ursprünglich nur zur Bezeichnung von Calcitmarmor mit porphyroblastischem Granat, Pyroxen und Feldspat benutzt (A. BRONGNIART 1813) und in der jüngeren Literatur für Karbonatgesteine, die, unabhängig von ihrer Zusammensetzung, erhöhte Gehalte von metamorphen Silikaten aufweisen (KORSHINSKY 1936 u. a.). Außerdem umfaßt die Nomenklatur die wichtige Gruppe der Brucitmarmore, die bisher in der Literatur eine isolierte Stellung einnahmen, was aber nach den Untersuchungen des Autors petrographisch nicht gerechtfertigt ist.

Am Ende seiner Arbeit teilt der Autor einige Gedanken zur weiteren Entwicklung dieser Klassifikation mit. Er ist der Auffassung, daß diese in erster Linie durch die Einbeziehung der Siderite möglich ist, die man im paragenetischen Zusammenhang mit den Magnesiten in den metamorphen Karbonatgesteinen vorfindet. Ferner könnten in diese Nomenklatur auch die graphitisierten karbonatischen Gesteine aufgenommen werden. Die genetische Seite der Klassifikation könnte durch solche Kennzeichen, wie Temperatur, Typ der Metasomatose, Charakteristik der wirkenden metamorphen Agentien u. a. erweitert werden. Jedoch muß die dominierende Rolle der Zusammensetzung dieser Gesteine gewahrt bleiben, weil sie in erster Linie für die Erkundung von Bodenschätzen die größte Bedeutung besitzt.

Im folgenden sei die vorgeschlagene Klassifikation wiedergegeben.

KLASSIFIKATION METAMORPHER KARBONATGESTEINE

I. Marmore (Gehalt an metamorphen Silikaten bis 10%) Das charakteristischste metamorphe Silikat gehört zum Namen, z. B. forsterithaltiger Kalzitmarmor

A. Vorwiegende Karbonatmarmore (Gehalte an Penkatitkomponente bis 10%, d. h. bis 4% Brucit)

Marmore, die nicht mehr Mg enthalten als Dolomit:
- Kalzitmarmor (Dolomit bis 10%)
- Dolomit-Kalzit-Marmor (Dolomit 10–90%)
- Dolomitmarmor (Kalzit bis 10%)
- „ (Magnesit bis 10%)

Marmore, die mehr Mg enthalten als Dolomit:
- Dolomit-Magnesit-Marmor (Magnesit 10–90%)
- Magnesitmarmor (Dolomit bis 10%)

Genetische Varietäten des Marmors:
1) sind nur rekristallisiert und zeigen nur unbedeutende Veränderungen in den Gehalten an Kohlensäure;
2) mit bedeutenden metasomatischen Veränderungen der Gehalte von Mg und Ca. Solche Marmore sind „sekundär".

B. Brucitmarmore und Brucitgesteine

Marmore, die nicht mehr Mg enthalten als Dolomit:
- Penkatit (Dolomit bis 10%; Kalzit, nicht äquivalent dem Brucit, bis 10%; Brucitgehalte 25–36,8%)
- Predazzit (Dolomit bis 10%; Kalzit, nicht äquivalent dem Brucit; Brucitgehalte 4–33%)
- Dolomitisierter Penkatit (Dolomit 10–90%; Kalzit, nicht äquivalent dem Brucit, bis 10%; Brucitgehalte 4–33%)
- Dolomitisierter Predazzit (Dolomit 10–80%; Kalzit, nicht äquivalent dem Brucit, 10–80%; Brucitgehalte 4–33%)

Brucitmarmore und Brucitgesteine, die mehr Mg enthalten als Dolomit:
- Kalzit-Brucit-Marmor (Brucitgehalte höher und Kalzitgehalte niedriger als im Penkatit)
- Dolomit-Brucit-Marmor (Brucitgehalte höher als in dolomitisierten Penkatiten mit den gleichen Mengen Dolomit; in randlichen Varietäten nur Brucit und Dolomit anwesend)
- Brucit (Brucit über 90%)
- Brucit-Magnesit (Brucit 10–90%)

Genetische Varietäten der Brucitmarmore:
1) apoperiklase Marmore (mit Relikten von Periklas oder nach ihm pseudomorphem fasrigem Brucit);
2) protobrucite Marmore (ohne Relikte von Periklas und nach ihm pseudomorphem fasrigem Brucit, aber mit primärem Brucit)

[1]) Aus: „Isw. Akad. Nauk SSSR", Serie Geologie, 1959, H. 12. Ref.: W. BEYER

Im Falle der Anwesenheit von sicherem primärem Brucit sind die vorhandenen Varietäten protobrucitisch: protobrucitischer Penkatit, dolomitischer protobrucitischer Penkatit, dolomitischer protobrucitischer Predazzit oder dolomitisch-protobrucitischer Marmor. Für die allgemeineren und üblicheren Apoperiklasmarmore verwendet man die einfachen Namen, die bereits angegeben wurden.

C. Boratmarmore (mit gelösten Boraten)
Kotoitische Marmore (theoretische Gehalte: Kotoit — 38,8%, Kalzit — 61,1 Gew.-%)

II. „Kalziphyre" (Gehalte an metamorphen Silikaten 10 bis 90%)

Nach dem Charakter der unlöslichen Bestandteile (metamorphe Silikate): Kalksilikate und Magnesiasilikate.

Der Hauptname gibt unmittelbar die Verbreitung unlöslicher Mineralien an, z. B. Spinell-Forsterit-Kalziphyr, und zwar in der Reihenfolge ihrer Menge.

Nach dem Charakter der löslichen (karbonatischen) Bestandteile:

Kalziphyr (Kalzit 10—90%; Dolomit bis 10%; Penkatit bis 10%, d. h. Brucit 4%)
Dolomitisierter Kalziphyr (Dolomit 10—90%; Penkatit bis 10%)
Dolomitischer Kalziphyr (Kalzit bis 10%; Penkatit bis 10%; Dolomit 10—90%)
Brucithaltiger Kalziphyr (Penkatit 10—80%, d. h. Brucit 4—29%, Dolomit bis 10%)
Brucithaltiger dolomitartiger Kalziphyr (Penkatit 10—80%, Dolomit bis 10%)

Genetische Varietäten der Kalziphyre:
1) normal-metamorph; metamorphe Silikate entstehen auf Kosten terrestrischer Beimengungen;
2) teilweise Verskarnung, die als Ergebnis einer Zufuhr magmatogener Kieselsäure und Tonerde in karbonatische Gesteine entstand.

III. Hornfelse und Skarne (Gehalte an Karbonaten bis 10%)

Magnesia-Hornfelse und -Skarne (mit einem Molekularverhältnis CaO : MgO nicht höher als 1 : 1)
Kalk-Hornfelse und -Skarne (mit einem Molekularverhältnis CaO : MgO höher als 1 : 1)

Syngenese und Epigenese in Petrographie und Lagerstättenkunde

Bemerkungen zu einer Arbeit von G. C. AMSTUTZ[1])

GERHARD TISCHENDORF, Berlin

In unserer Zeitschrift erschien im Januarheft 1960 ein Referat über obenangegebene Veröffentlichung. Da sich der Verfasser dieser Bemerkungen einerseits mit der dort gegebenen Einschätzung der Arbeit nicht einverstanden erklären kann, andererseits aber die Ausführungen von AMSTUTZ bedeutungsvoller sind, als daß man es bei der im Referat gegebenen, recht einseitigen Darstellung belassen darf, sei gestattet, auf die in der Veröffentlichung berührte Problematik etwas näher einzugehen.

AMSTUTZ stellt in seiner Arbeit die genetische Zuordnung von Mineralbildungen zu dem diese umgebenden Material (Nebengestein) in den Blickpunkt seiner Betrachtungen. Er vermerkt, daß sämtliche Diskussionen über die Genesis geologischer Körper letzten Endes auf die einander polaren Begriffe „Syngenese" und „Epigenese" zurückgeführt werden können, wobei mit diesen Begriffen als wichtigste Aussage über die Genesis die Altersbeziehungen der Bestandteile eines bestimmten Systems festgelegt werden. Eine weitere, nähere genetische Einstufung wird mit der Anwendung der Begriffe „supergen" und „hypogen" (gleichbedeutend mit deszendent — aszendent) erreicht, d. h. mit einer Angabe über die Stoffherkunft. Will man den Ort der Mineralbildung näher festlegen, lassen sich die Bezeichnungen „authigen" und „allothigen" an Stelle oder als Ergänzung von supergen — hypogen verwenden.

AMSTUTZ nimmt nun diese vier grundsätzlichen Möglichkeiten der Gesteins- und Mineralbildung, nämlich syngenetisch-supergen, syngenetisch-hypogen, epigenetisch-supergen und epigenetisch-hypogen zur Grundlage der von ihm vorgeschlagenen Prinzipien einer Einteilung bezüglich der Genesis von Gesteinsbestandteilen oder Minerallagern.

Die erwähnten Bezeichnungen sind nicht neu in der Geologie, neu ist vielmehr ihre Benutzung als Klassifikationsprinzipien und die Abkehr von der zur Zeit gebräuchlichen genetischen Einteilung der Gesteins- und Mineralbildungen nach magmatischer, sedimentärer und metamorpher Entstehung. Es läßt sich nicht leugnen, daß gerade die letztgenannte, z. T. allgemein verwendete Gesteins- bzw. Lagerstättenklassifikation, der ja die Bildung von Gesteinen und Lagerstätten als Einteilungsprinzip zugrunde liegt, gewisse Schwächen besitzt, da wohl „magmatisch" und „sedimentär" Gesteine oder Lagerstätten gebildet werden, „metamorph" aber zumeist nur eine Umbildung bereits vorhandener Substanzen an Ort und Stelle ohne weitreichende Migrationen stattfindet und hierbei nur in wenigen Fällen (bei leicht mobilisierbaren Stoffen) wirklich eine neue Elementverteilung und damit Gesteins- oder Lagerstättenbildung erreicht wird. Dazu kommt noch, daß die „metamorphen" Umbildungen bzw. Bildungen kontinuierlich vor sich gehen, daß also immer Übergänge zwischen Altbestand und Neubestand vorhanden sind und eine eindeutige Zuordnung, ob noch die Ausgangsgenesis, also magmatisch bzw. sedimentär, oder schon die Bezeichnung „metamorph" zutrifft, häufig unmöglich ist.

Da die Begriffe syngenetisch und epigenetisch nur die Altersrelation bezeichnen und, damit sie nicht verwässert werden, auch nur bezeichnen dürfen, unterscheiden sie sich in bedeutendem Maße von den Begriffen sedimentär und magmatisch, die neben einer gewissen Alterseinstufung vor allem auf die Bedingungen und gleichfalls auf die Stoffherkunft der Mineral- bzw. Gesteinsbildung hinweisen. Wir verbinden fahrlässigerweise gedanklich gern sowohl syngenetisch mit sedimentär als auch epigenetisch mit magmatisch. In einigen Fällen sind diese Begriffe einander zugeordnet, sagen Ähnliches aus bzw. ergänzen sich, in anderen Fällen jedoch nicht. So wird von AMSTUTZ z. B. eine Anreicherung von Titanomagnetit im Gabbro richtig als syngenetische (oder auch comagmatische) Bildung bezeichnet.

Wie eingangs bereits bemerkt, zeigt AMSTUTZ, daß die Diskussion um die Genese von Lagerstätten im Prinzip immer darum geht, ob Syngenese oder Epigenese vorliegt; man denke nur an die Diskussionen um die Genesis von Mechernich, Rammelsberg, Bleiberg, Oberschlesien, Katanga, Sudbury, Witwatersrand u. a. z. T. Großlagerstätten. Das Verdienst des Autors besteht darin, mit aller Deutlichkeit darauf hingewiesen zu haben, daß in den vergangenen Jahren hierbei ungerechtfertigterweise epigenetische Theorien dominierten und daß sich in der Gegenwart mehr und mehr eine Befreiung der Forscher von dieser Voreingenommenheit bei genetischen Interpretationen abzeichnet.

AMSTUTZ fordert mit Recht, daß wir nicht mit einer fertigen genetischen Vorstellung ins Feld gehen sollen, sondern eine objektive Bestandsaufnahme durchführen und jener Genese den Vorzug geben müssen, die einfach ist, natürlich und ohne unbeweisbare Vorstellungen. Wie sehr doch die epigenetische Denkweise in unseren Vorstellungen überwiegt, zeigt z. B. die Tatsache, daß wir bei Auftreten von Sulfiden in Gesteinen sofort an Epigenese denken und geneigt sind, magmatischen bzw. primär-hydrothermalen Ursprung anzunehmen. Magmatische Herkunft bei Sulfiden in Magmatiten zu postulieren, mag angehen, sie ist aber a priori nicht zu vertreten, wenn es sich etwa um Sulfidvorkommen in Sedimenten handelt, bei denen z. B. kein weitreichendes

[1]) Schweiz. Min. Petr. Mitt., Bd. 39 (1959), S. 1—84, und einem Referat hierüber in der Z. angew. Geol., Bd. 6, (1960), S. 40

Spaltensystem, auf dem die Lösungen zumigrierten, nachzuweisen ist. Sie wird unwahrscheinlich, wenn es sich zudem noch um nur geringe Sulfidmengen handelt. AMSTUTZ fordert nun, jeweils in Erwägung zu ziehen, ob bei Mineralvorkommen oder Lagerstätten in Sedimenten nicht eine Stoffherkunft aus dem Sediment wahrscheinlicher ist als die Annahme weitreichender, durch nichts zu beweisender Migrationen aus unbekannten Teufen. Wir müssen uns damit vertraut machen, daß Mineralkonzentrationen z. B. von der Art des in kulmischen Kiesel- und Alaunschiefern liegenden Gold-Selenid-Vorkommens des Eisenberges bei Corbach ihren Stoffbestand nicht aus unbekannten Quellen bezogen haben, sondern daß hier nur räumlich begrenzte Migrationen (Umlagerungen) stattfanden, d. h., daß der Stoffbestand, pauschal gesehen, etwa an Ort und Stelle blieb.

Es muß festgestellt werden, daß die Einteilung der Stoffherkunft nach AMSTUTZ in supergen—hypogen und der Vermerk, daß lateralsekretionäre Prozesse zu „Übergängen" zwischen beiden zählen, nicht ganz befriedigt. Wie sich in den letzten Jahren herausgestellt hat, haben lateralsekretionäre Vorgänge im weitesten Sinn bei der Mineralbildung zuweilen hervorragenden Anteil. Man sollte bemüht sein, diesen Ergebnissen in einer neuen Klassifikation Rechnung zu tragen und neben den genetischen Einstufungen epigenetisch-supergen zusätzlich epigenetisch-lateralsekretionär mit zu verwenden, wenn nachgewiesen wird, daß sich der Stoffbestand z. B. eines Ganges als Auslaugungsprodukt aus dem Nebengestein ableitet.

Nach dem Gesagten wäre die Mineralisation des Eisenberges bei Corbach folgerichtig epigenetisch-lateralsekretionär zu nennen, da ihre Bildung, hervorgerufen wahrscheinlich durch Mobilisationsvorgänge während der Faltung, jünger ist als das Sediment und die Stoffherkunft aus dem sedimentären Nebengestein erfolgte. In ihren äußerlichen Erscheinungsformen ähnliche Lagerstätten, wie z. B. vom Typ Bleiberg, wären in Anlehnung an die genetischen Vorstellungen von MAUCHER, SCHNEIDER, TAUPITZ u. a., was die primäre Stoffanreicherung im Sediment betrifft, syngenetisch-hypogen, in bezug auf die nachträglichen Umlagerungen aber, die zur eigentlichen Lagerstättenbildung führten, epigenetisch-lateralsekretionär. Diese Doppeleinstufung erscheint auf den ersten Blick reichlich kompliziert, man wird sie aber zugunsten einer klaren Definition der Begriffe, sollen diese überhaupt Verwendung finden, in Kauf nehmen müssen und damit unterscheiden können, ob es sich um primäre Absätze oder um sekundäre Umlagerungen handelt.

In diesem Zusammenhang wird bedeutungsvoll, wie weit man den Begriff der Syngenese zu fassen wünscht. Bei AMSTUTZ reicht er für Sedimente von der Sedimentation über die Diagenese bis zur „frühen Brekzienbildung oder Erosion und Wiederverfestigung durch unmittelbar darüberliegende Lockersedimente". AMSTUTZ vermerkt aber, daß es sich bei den zuletzt genannten Vorgängen um Übergangstypen handelt. Zugunsten einer klaren Abgrenzung sollte der Begriff der Syngenese nicht zu weit, nach unseren Vorstellungen nur bis zum Abschluß der Verfestigung des Sedimentes (Diagenese) gefaßt werden.

Die genaue Abgrenzung des Syngenesebegriffes bei Magmatiten und deren Bildungen stößt vorerst auf die gleichen Schwierigkeiten. Liquide Sulfidentmischungen in basischen Magmen (intramagmatische Bildungen) zählen so sicher zu syngenetischen Vorgängen wie fluide und hydrothermale (extramagmatische) Bildungen außerhalb des Magmatits zu epigenetischen. Welche Einstufung die zwangsläufig auch im Magmatit auftretenden hydrothermalen Restbildungen erhalten, muß vorläufig, findet man nicht nähere Kriterien, unentschieden bleiben. Vermutlich wird man sie als syngenetisch bezeichnen müssen, da sie trotz der Gleichzeitigkeit ihrer Bildung mit den extramagmatisch-epigenetischen in bezug auf ihr Nebengestein mehr syngenetische Kriterien aufweisen.

Die ohnehin nicht einfache Frage der Genesis einer Lagerstätte oder eines Gesteins wird recht kompliziert, wenn man für richtig anerkennt, daß eine Lagerstätte z. B. nicht ein einheitliches Ganzes darstellt, folglich auch nicht als ein einheitliches Ganzes entstanden sein kann, die Einzelteile also verschiedene Herkunft besitzen können. Strenggenommen, müssen sodann Untersuchungen zur Genesis eines jeden einzelnen Elementes angestellt werden. Diese Untersuchungen erscheinen — will man in dieser Frage weiterkommen — dringend notwendig, sind z. T. allerdings recht schwierig und oft undurchführbar. In Fällen ihrer Durchführung [z. B. SZÁDECZKY-KARDOSS (1959) bei Gesteinen und TISCHENDORF (1959) bei Lagerstätten] wurden bezüglich der allgemeinen Vorstellungen über die Gesteins- bzw. Mineralgenese außerordentlich wertvolle Ergebnisse erzielt.

Es ist dem Verfasser des Referates in der Zeitschr. angew. Geol. beizupflichten, wenn er schreibt, daß AMSTUTZ „syngenetische Ansichten vertritt", allerdings sind sie keineswegs „einseitig". Der Autor betont geradezu, kein neues Dogma aufstellen zu wollen, er will versuchen, „die Fragestellung von Vorurteilen zu befreien". Und hierin kann man AMSTUTZ nur beipflichten. Wie viele neue lagerstättengenetische Untersuchungen gezeigt haben, ist es eben z. B. nicht weit her mit den „telemagmatischen" Vererzungen vom Bleiberg oder vom Mississippi valley. Statt epigenetisch-hypogen wird man hier und in anderen Fällen für die primäre Stoffanreicherung syngenetisch-hypogene Bildung, d. h. Stoffzufuhr in Form von submarinen Exhalationen, annehmen. In diesem Zusammenhang scheint der Hinweis von AMSTUTZ wichtig, daß sicher häufiger als angenommen Hydrothermen submarin austreten und im Meerwasser eine Anreicherung bestimmter Elemente bewirken, die dann syngenetisch in die Sedimente geraten.

Es wird von einigen Geologen übersehen, welche Bedeutung die Klärung der Genesis eines Mineralvorkommens besitzt. Genetische Diskussionen werden nicht um ihrer selbst willen geführt. Aus genetischen Schlußfolgerungen müssen besonders für den Bildungsort von Elementkonzentrationen Kriterien abgeleitet werden, damit das Weiterverfolgen und Neuaufsuchen von Lagerstätten, welches stets mit erheblichem technischem Aufwand erfolgt, rationell vor sich gehen kann. Von diesem Standpunkt aus kann den Untersuchungen zur Genesis von Lagerstätten nicht genügend Aufmerksamkeit geschenkt werden. Genetische Fehldeutungen führen im einfachen Fall zum falschen Ansatz von Erkundungsarbeiten, im komplizierteren dazu, daß Arbeiten durchgeführt werden, die quasi sinnlos sind. AMSTUTZ bezeichnet genetische Fehlschlüsse als „Koordinatenverwechslungen", wobei „beispielsweise ein räumliches Phänomen gedankenlos und somit ohne Kriterium mit einer Zeitverschiebung oder einer Änderung der Zusammensetzung in Verbindung gebracht wird". Um derartige genetische Fehldeutungen, die besonders in den Anfangsstadien der Lagerstättenerkundung mangels geologischer Daten auftreten können, auf ein Mindestmaß zu beschränken oder besser ganz zu verhüten, muß der Geologe versuchen, die Bildungsbedingungen als Funktion von Konzentration, Zeit und Raum so exakt wie möglich zu rekonstruieren. Dies wird häufig schwierig sein; mehr und mehr werden Synthesen und Modellversuche dabei helfen müssen.

Von einem Referat wird man verlangen dürfen, daß es objektiv ist. Das kann von dem in Rede stehenden über die Arbeit von AMSTUTZ nicht behauptet werden. Vor allem sollte, wenn in einem Referat der Originaltext zitiert wird, der Sinn des Zitates erfaßt und nicht die Wortfolge aus dem Zusammenhang herausgelöst werden. Der Referent schreibt: „In wissenschaftlicher Hinsicht kommt er (AMSTUTZ) zu dem Schluß, daß ‚für Lagerstätten in Sedimenten sedimentärer, in Intrusiva magmatischer (oder vielleicht gelegentlich auch migmatischer) Ursprung angenommen wird und in metamorphen Gesteinen der jeweilige Ursprung des metamorphen Gesteins‘ (S. 73)." Es heißt aber bei AMSTUTZ: „Es wird somit vorgeschlagen, zu versuchen, wie weit wir kommen in Theorie und Praxis mit der Arbeitshypothese, daß abgesehen von Kontaktzonen und kontaktnahen, durch Gradienten offensichtlich oder wenigstens wahrscheinlich gemachten Übergängen, für Lagerstätten in Sedimenten sedimentärer, in Intrusiva magmatischer (oder vielleicht gelegentlich auch migmatischer) Ursprung angenommen wird und in metamorphen Gesteinen der jeweilige Ursprung des metamorphen Gesteins." Das sagt doch etwas anderes aus! Hier wird nicht unter einem Dogma der Schlußstrich gezogen, sondern der Anfang gemacht zu einer möglichst vorurteilsfreien, von uns außerordentlich geschätzten Betrachtungsweise genetischer Probleme.

Literatur

SZÁDECZKY-KARDOSS, E.: Über Migrationserscheinungen magmatischer und metamorpher Gesteinsbildungsprozesse. — Freib. Forsch.-H., C 58, S. 66—92, (1959).

TISCHENDORF, G.: Zur Genesis einiger Selenidvorkommen, insbesondere von Tilkerode im Harz. — Freib. Forsch.-H., C 69, (1959).

Sozialistische Klein- und Mittelbetriebe in China

ERICH LANGE, Berlin

Nach einer Aufstellung, die in Peking veröffentlicht wurde, bestanden Anfang 1960 in China mehr als 1000 kleine und mittlere Eisen- und Stahlzentren, 17000 kleine Kohlengruben, 15000 kleine Maschinenfabriken, außerdem kleine Kraftwerke mit einer Gesamtkapazität von 500000 kW und über 400 Kleinraffinerien, die aus Kohle Treibstoff herstellten, sowie über 100 kleine Zementwerke.

Der Ausstoß aus den modernisierten kleinen Schmelzöfen erreichte 1959 gegen 11,5 Mill. t Roheisen, also etwa 1,6 Mill. t mehr als die japanische Roheisengewinnung im gleichen Jahr. Die Kohlenförderung aus den kleinen Grubenanlagen stieg auf über 130 Mill. t, war also größer als die gesamtchinesische Kohlenförderung des Jahres 1957.

Die chinesische Industrie wird nach dem Motto des „Auf-beiden-Beinen-Gehens" aufgebaut, d. h., sie ruht auf der Säule der Großbetriebe und der Säule der Klein- und Mittelbetriebe. Die Modernisierung der Arbeitsprozesse in den Klein- und Mittelbetrieben ermöglicht es, den sozialistischen Aufbau zu beschleunigen und vor allem die Produktion von Stahl, Eisen, elektrischem Strom, Kohle, Erdöl, Zement und Chemikalien im schnellen Tempo zu erhöhen.

Die sozialistischen Klein- und Mittelbetriebe wurden in Gegenden entwickelt, in denen es bisher nur eine schwache oder gar keine Industrieproduktion gab. 1957 konnte nur in 17 Provinzen, Großstädten oder Gebieten Stahl und in 22 Provinzen oder Gebieten Roheisen erzeugt werden. Anfang 1960 bestanden über 1000 kleine Eisen- und Stahlzentren, die sich über alle Provinzen und autonomen Gebiete, mit Ausnahme von Tibet, erstreckten. Bereits Ende 1959 besaß fast jeder Kreis in China sein eigenes kleines Werk zum Bau von Landmaschinen. Bis über 400 kleine Raffinerien erzeugten über 100000 t Mineralöle, die vor allem zum Antrieb von Traktoren, Lastwagen und Bewässerungsmaschinen Verwendung finden.

Die Qualität der Produktion der kleinen modernen Anlagen war Ende 1959 befriedigend. Gegenwärtig entsprechen etwa 75% des in kleinen Hochöfen erzeugten Roheisens den geforderten Gütezifiern, und mehr als 90% des in Konvertern erzeugten Stahls entspricht den erforderlichen Qualitätsnormen. Der durchschnittliche Ausstoß pro m³ der Schmelzöfen war im Laufe des Jahres von 0,6 auf 0,9 tato gestiegen, lag also höher als die der großen Hochöfen von Anschan zur Zeit der japanischen Besetzung. Eine Kapazitätseinheit der Klein- und Mittelbetriebe kann schneller, mit weniger Kosten und mit weniger qualifizierten Arbeitern errichtet werden als die gleiche Kapazitätseinheit in den schwerindustriellen Giganten. Die Klein- und Mittelbetriebe nutzen die verstreut auftretenden mineralischen Rohstoffquellen aus, die von den Großbetrieben nicht verwendet werden können.

Die einfachen Methoden, die man 1958 anwandte, sind überholt, die Mechanisierung macht Fortschritte, und die Produktion steigt beständig. Der Sprung nach vorn ergab „einen ausgedehnten Überblick über die Kohlen- und Eisenerzvorkommen im gesamten Land, und es wurde umfangreiches Material geologischer Angaben für den Ausbau des Netzes kleiner moderner Hochöfen gewonnen. Dazu haben viele Millionen Menschen Erfahrungen bei der Produktion von Eisen und Stahl gesammelt, es wurden technische Kräfte für den Bau und die Wartung neuer kleiner moderner Hochöfen ausgebildet."

Ministerpräsident TSCHOU EN-LAI setzte sich nach „Peking Review" Nr. 41/1959 mit den chinesischen Opportunisten und den westlichen Imperialisten, die beide die gleichen falschen Anschauungen vertraten, folgendermaßen auseinander:

„Sie begriffen nicht, welche ungeheure Rolle die Kleinproduktion mit traditionellen Methoden bei dem großen Sprung nach vorn beim Aufbau des Sozialismus spielt. 1959 wird China 20 Mill. t Roheisen produzieren, wovon etwa die Hälfte von den kleinen Öfen hergestellt wird. Die großen und mittleren Hochöfen, deren Bau viele Jahre in Anspruch nahm, haben ein Fassungsvermögen von insgesamt 24000 cbm; aber die kleinen Öfen, die in den letzten beiden Jahren entstanden sind, haben zusammengenommen ein Fassungsvermögen von über 43000 cbm. Die Produktionstechnik der kleinen Öfen braucht — genau wie die der großen — Zeit für ihre Entwicklung. Es gibt keinen Grund, davon überhaupt ein Aufheben zu machen. Nach den Anstrengungen in der ersten Hälfte dieses Jahres (1959) sind Nutzwert und Qualität der Erzeugnisse der kleinen Öfen bedeutend verbessert und die Produktionskosten wesentlich gesenkt worden. Die besten kleinen Öfen nähern sich in dieser Hinsicht bereits den Normen der großen. Die kleinen Öfen haben sehr große Möglichkeiten, die noch auszuschöpfen sind. Nach Schätzungen werden die kleinen Hochöfen während der Periode des zweiten Fünfjahrplans insgesamt 55 bis 60 Mill. t Eisen produzieren können. Die Produktion der kleinen und mittleren Kohlengruben wird insgesamt etwa 40 Prozent der gesamten Kohlenproduktion dieses Jahres ausmachen. Daher kann gesagt werden, daß der große Sprung nach vorn nicht möglich gewesen wäre, wenn wir uns bei der Industrialisierung nicht die Politik ‚auf beiden Beinen gehen' zu eigen gemacht hätten."

Rumäniens Erdölposition

KURT KAUTER, Gotha

Die Volksrepublik Rumänien steht mit ihren Erdölreserven nach der UdSSR an zweiter Stelle in Europa und an 11. Stelle in der Welt. Bezüglich der Reserven an Erdgas nimmt das Land hinter der UdSSR die zweite Stelle in Europa und die dritte in der Welt ein.

Die Volksrepublik Rumänien entwickelte sich immer mehr zu einem Lande mit moderner Industrie. Im Jahre 1938 machten die Fertigwaren noch 75% der Gesamteinfuhr Rumäniens aus, der nur 2% der Gesamtausfuhr gegenüberstanden. Demgegenüber stieg der Export von Maschinen, Ausrüstungen und Transportmitteln von 0,1% im Jahre 1938 auf 0,8% 1948, 10,6% 1956 und 15,0% 1959 (geplant).

Innerhalb dieser Entwicklung nimmt die Ausfuhr von Erdölausrüstungen eine betonte Stellung ein. Der Export von Erdölanlagen betrug (1950 = 100%) im Jahre 1952 100,7%, 1954 413,3% und 1957 574,0%.

Noch ein weiterer Faktor ist in Betracht zu ziehen, wenn man die heutige Erdölsituation Rumäniens kennzeichnen will: Die Volksrepublik exportiert Erdölerzeugnisse. Während 1938 noch Rohöl und Erdölhalbfertigprodukte an der Spitze des Exportes standen, werden heute hochqualifizierte Endprodukte ausgeführt.

Am klarsten wird die Situation an den Ausführungen des Generalsekretärs der Rumänischen Arbeiterpartei, GHEORGHE GHEORGHIU DEJ, erkennbar, die er anläßlich der Plenarsitzung des Zentralkomitees am 13./14. Juli 1959 machte: „In der Erdölindustrie wächst die Produktion in diesem Jahr gegenüber 1955 um 21%. Zugleich mit dem Anwachsen der Rohölförderung wurde die Verarbeitungskapazität erweitert, und zwar durch Errichtung der neuen Raffinerien in Borzeşti und Darmaneşti; ferner liefen neue Anlagen zur Erzeugung von hochwertigen Ölen in Teleajen an, wobei die Leistung von 10000 t im Jahre 1955 auf 90000 t im Jahre 1959 erhöht wurde."

Rumäniens Erdölgeschichte ist über 100 Jahre alt. 1957 wurde die Säkularfeier festlich begangen. Charakteristisch für die kapitalistische Produktionsweise, für die die Erdölgeschichte Rumäniens geradezu Musterbeispiele bietet, ist der Raubbau. Die übertriebene Exploitation und die zusätzliche Ausbeute während der beiden Weltkriege führte zweimal fast zum Zusammenbruch der Erdölwirtschaft und zur frühzeitigen Erschöpfung guter Erdöllagerstätten. Folgende Daten verdeutlichen dies: 1906/07 überstieg die Rohölproduktion zum erstenmal die Millionengrenze und erreichte 1914 die Höhe von rund 1,750 Mill. jato. Die im ersten Weltkrieg betriebene Ausplünderung der Lagerstätten ließ die Förderung von da an radikal absinken, bis 1917 der Tiefstand von etwa 750000 t erreicht war.

Erst 1920 wurde abermals die Millionengrenze erreicht und überschritten. Von 1923 an vollzog sich die Steigerung der Produktion in wesentlich schnellerem Tempo, bis 1936 die Spitze mit einer Förderung von rund 8,7 Mill. t erreicht war. Der von den eigenen und fremden Kapitalisten betriebene Raubbau an den bekannten Lagerstätten ließ dann erneut die Förderung gewaltig absinken. 1944 (Kriegsende für Rumänien) wurden nur noch rund 3,675 Mill. t Rohöl gefördert. Von da an, also seit Beginn der Volksrepublik, stieg die Produktionskurve nach einem leicht schwankenden Anlauf während der Jahre 1944—47 unaufhaltsam steil nach oben.

Das geologische Institut hatte überschlägig errechnet, daß etwa 2 Mill. Hektar der Oberfläche des Landes als erdölhöffig anzusprechen seien. Von diesem Areal waren indessen bloß 500000 Hektar oberflächlich erforscht und bis 1938 nur 5000 Hektar in die Produktion einbezogen worden. Unwissenschaftliche und halbwissenschaftliche Theorien, die zur Unterbauung der Finanz- und Wirtschaftspolitik der verschiedenen Konzerne aufgestellt waren, erschwerten anfänglich die Fortsetzung der Arbeiten. Bald aber stellten sich unter dem Gesichtspunkt des Aufbaues des Sozialismus die ersten ermutigenden Erfolge ein. Einzelne Phasen der neuesten Entwicklung verdienen dabei festgehalten zu werden, weil ihnen auch für die entsprechenden Arbeiten in unserer Republik allgemeine Bedeutung zukommt:

1. Zunächst setzte mit der Zerschlagung alter Konzessionsgrenzen eine allgemeine und gründliche Erforschung aller erdölgeologisch interessanten Gebiete in ganz Rumänien ein.

2. Hand in Hand mit dieser wissenschaftlichen Vorerkundung wurde ein Bohrprogramm durchgeführt, das alle Bohrleistungen aus kapitalistischer Zeit weit hinter sich zurückließ.

Die Spitzen der Bohrleistung in kapitalistischer Zeit lagen 1934 bei 370000 m, 1937 bei 380000 m und, nach einem zwischenzeitlichen Absinken im Jahre 1940 auf etwa 240000 m, schließlich 1942 bei etwa 345000 m je Jahr. Von da an fiel die Bohrtätigkeit erschreckend schnell ab, bis sie 1944 den Tiefstand mit ungefähr 150000 m im Jahr erreichte.

Im Zeichen des Sozialismus erfolgte ein radikaler Anstieg der Bohrleistungskurve, die veranschaulicht, daß 1953 die Spitze mit etwa 930000 m erreicht wurde, die mit einigen leichten Schwankungen, die im Erkundungssystem ihre Ursache haben werden, gehalten wird.[1])

[1]) Nach: The centenary of Rumania's oil industry, Bukarest 1959.

3. Auf Grund dieser großräumigen und dennoch konzentrierten Aufschlußtätigkeit wurden alte, in der Vergangenheit als unrentabel oder als unproduktiv angesprochene Felder neu entdeckt und ihre Produktion zu einer neuen Blüte geführt. So konnten beispielsweise neuerdings in der Nähe der alten Reviere bei Ploeşti und Craiova bedeutende Lager erschlossen werden. Des weiteren rückte das früher gar nicht ernsthaft in Betracht gezogene Gebiet der Moldau als Erdölrevier so weit in den Vordergrund, daß es heute als zweiter Schwerpunkt in der Erdölindustrie Rumäniens angesehen wird.

Die besondere Eigenschaft der rumänischen Rohöle — geringer Schwefelgehalt mit höchstens 0,38% — bildet auch das Charakteristikum dieser neuen Lagerstätten.

4. Der Produktion von Erdgas wurde höchste Aufmerksamkeit gewidmet. Einmal handelt es sich um Erdölbegleitgase mit einem Heizwert von rund 13000 Kalorien. Zum anderen wurden in Transsylvanien (= Siebenbürgen) reine Gaslagerstätten mit einem Gesamtvorrat von vielen Milliarden m^3 gefunden. Der als höffig umgrenzte Flächenraum beträgt fast 20000 km^2. Das Gas besitzt eine einzigartige Reinheit mit 98—99,8% Methan (Rest = Stickstoff). Sein Heizwert liegt zwischen 8500 und 9500 cal.

5. Gleichzeitig mit der Entwicklung der Schwerindustrie im Land wurde eine eigene Bohrfeldausrüstungsindustrie ins Leben gerufen, die heute bereits in der Lage ist, mehr als den eigenen Bedarf zu decken.

6. Im gleichen Rhythmus mit der Erhöhung der Erdölproduktion wurde die Raffineriekapazität erweitert und vor allen Dingen in sozialistischer Rekonstruktion modernisiert. Bereits seit dem ersten Fünfjahrplan kann das gesamte rumänische Erdöl im Lande selbst verarbeitet werden. Dies ist um so bemerkenswerter, als auf der einen Seite die Produktion so gewaltig zunahm, daß das Höchstniveau zur Zeit des kapitalistischen Regimes weit überschritten wurde. Andererseits fand eine bessere Verarbeitung der Produkte und eine ständige Steigerung der Qualität statt.

7. Das Erdgas dient nicht allein dem Beheizen von Industrieanlagen und der Wärmeerzeugung in Kraftwerken, sondern auch als chemischer Rohstoff. Eine ganze Gruppe von petrochemischen Werken ist bereits aufgebaut worden oder im Entstehen begriffen: für Kunstgummi und andere chemische Produkte ein Kombinat in Oneşti, das chemische Kombinat in Borzeşti, das als Schwerchemieanlage bezeichnete Kombinat in der Stadt Victoria und das Kombinat in Făgăraş.

Methangas wird zur Zeit schon zur Erzeugung von Ruß, Düngemitteln, Kunststoffen, Sprengstoffen, synthetischen Fasern und Lösungsmitteln verwandt.

Einsatzmöglichkeit der Photogrammetrie für die geologische Erkundung innerhalb der DDR

OTTO WEIBRECHT, Jena

Bei der Lektüre des Beitrages von STRAUBEL in Heft 12/1958, S. 578—579 dieser Zeitschrift muß man mit Bedauern feststellen, daß offenbar von seiten der Geologen eine Einsatzmöglichkeit der Photogrammetrie in der DDR nur in beschränktem Umfang anerkannt und die Anwendung der Aerophotogrammetrie für geologische Zwecke für ganz unmöglich gehalten wird.

Wir fühlen uns verpflichtet, dieser resignierenden Auffassung entgegenzutreten, weil wir der Meinung sind, daß STRAUBEL zu seinen Schlußfolgerungen durch zu einseitige Betrachtungen des Problems gelangt ist.

Zunächst sei es gestattet, die Liste der von STRAUBEL angegebenen Vorteile der Photogrammetrie zu erweitern:

1. Durch den Einsatz des Flugzeuges ist es möglich, diejenigen Aufnahmestandorte auszuwählen, die für geologische Zwecke am geeignetesten erscheinen. So kann man Meßbilder von optimalem Bildinhalt erzielen, die darüber hinaus noch einen räumlichen Einblick in das Gelände gestatten.

2. Die Infrarotphotographie ermöglicht die Aufnahme von Gebieten, die infolge von Dunst für das Auge unsichtbar sind.

3. Die Photogrammetrie ist, sofern man sie richtig anwendet, in wirtschaftlicher Beziehung allen anderen Verfahren überlegen.

4. Da die Feldarbeiten von der zu Hause stattfindenden Auswertung der Bilder getrennt durchgeführt werden, kann die Auswertung auch in den schlechten, für die Außenarbeiten ungeeigneten Jahreszeiten stattfinden. Die Befürchtungen STRAUBELS bezüglich der starken Abhängigkeit vom Wetter sind also unbegründet. Daraus ergibt sich eine gute Zeitnutzung der Photogrammetrie.

5. Die Luftbildinterpretation macht eine kartographische Festlegung der Ergebnisse möglich. Auf der photographischen Emulsion des Luftbildes treten nämlich Bodenverfärbungen und Wachstumsbeeinflussungen infolge von Feuchtigkeit, Mineralvorkommen, Erdöl usw. sehr deutlich in Erscheinung. Für diesen Aufgabenbereich ist also bis zu einem gewissen Grade der von STRAUBEL angegebene Nachteil unwirksam, wonach die Bodengestaltung und der Bodenwuchs des aufgenommenen Gebietes bestimmten Bedingungen entsprechen müssen.

Die aerophotogrammetrische Herstellung topographischer Karten für die Staatliche Geologische Kommission scheitert nach STRAUBEL daran, daß die aufzunehmenden Flächen für eine eigene Organisation nicht groß genug sind und daß für die Auftragsarbeiten in der DDR eine spezielle Organisation fehlt. Es wird freilich niemand erwarten, daß sich die Staatliche Geologische Kommission der DDR mit ihrem relativ kleinen Betätigungsfeld eine eigene Organisation aufbaut, die selbständig in der Lage ist, Luftbildaufnahmen herzustellen und auszuwerten, wie dies beispielsweise in vorbildlicher Weise in der UdSSR oder in den USA der Fall ist. Der Mangel einer solchen Organisation ist aber noch kein Grund, auf eine aerophotogrammetrische Herstellung von topographischen Karten zu verzichten. Bei rechtzeitiger Absprache und gemeinsamer Planung mit anderen existierenden, ähnlichen Zwecken dienenden Organisationen müßte es ohne weiteres möglich sein, das für geologische Zwecke notwendige Kartenmaterial in Auftrag zu geben oder zumindest das für die photogrammetrische Auswertung erforderliche Luftbildmaterial zu erhalten. Der Einwand STRAUBELs vom Fehlen einer Spezialorganisation für Auftragsarbeiten wird also damit gegenstandslos. Es kann natürlich vorkommen, daß das für geologische Zwecke aufzunehmende Gebiet der ausführenden Stelle für die Durchführung eines Bildflugs zu gering erscheint.

In diesem Falle sollte man sich mit anderen Luftbildinteressenten in Verbindung setzen — z. B. mit den Forstleuten — und erwägen, ob nicht ein Bildflug angesetzt werden kann, der auch für den anderen Teil brauchbares Bildmaterial liefert. Oft wird es dabei notwendig sein, daß die beteiligten Stellen einen Kompromiß bezüglich des einzuhaltenden Bildmaßstabes schließen.

Ganz abgesehen von den besprochenen Möglichkeiten zur Durchführung von rein geologischen Zwecken dienenden Bildflügen sollte man auf jeden Fall vor jedem geplanten Flug Einsicht in das bereits vorhandene Bildmaterial nehmen, um festzustellen, ob sich nicht durch evtl. schon vorhandenes brauchbares Material ein neuer Bildflug erübrigt.

Mit diesen angedeuteten Maßnahmen läßt sich in den meisten Fällen, selbst bei der Aufnahme relativ kleiner Gebiete, die Wirtschaftlichkeit der Arbeit erreichen. Zusammenfassend möchten wir sagen, daß man auf die bedeutenden Vorteile einer aerophotogrammetrischen Luftaufnahme nicht ohne weiteres wegen geringfügiger organisatorischer Schwierigkeiten verzichten sollte.

Zu den Angaben STRAUBELs über die Einsatzmöglichkeiten der terrestrischen Photogrammetrie müssen wir einige Berichtigungen vornehmen. So wurde von ihm die Tabelle über die Fehlergrenzen aus dem Werk von MANEK „Erdbildmessung (Terrestrische Photogrammetrie)", Halle 1950, S. 121, in entstellender Weise übernommen. STRAUBEL hat nämlich die Fehlergrenzen von den gut einstellbaren Punkten bis zum stark bedeckten Gelände der MANEKschen Tabelle übernommen, aber nur von Fehlern für gut einstellbare Punkte gesprochen, so daß die von ihm angegebenen Maximalfehler das Zwei- bis Vierfache der Fehler betragen, die von MANEK für gut einstellbare Punkte angegeben wurden. Wenn man in Übereinstimmung mit STRAUBEL das stark bedeckte Gelände aus dem Anwendungsbereich der terrestrischen Photogrammetrie ausschließt, dann gelten nach MAŇEK für die entstehenden Pläne im Gegensatz zu den Angaben von STRAUBEL die folgenden Fehlergrenzen:

Maßstab	Lagefehler in m		Höhenfehler in m	
	gut einstellbare Punkte m	Höhenlinien m	gut einstellbare Punkte m	Höhenlinien m
1: 2000	± 0,3	± 0,7	± 0,3	± 0,5
1: 5000	± 0,6	± 1,0	± 0,5	± 0,7
1:25000	± 3,0	± 5,0	± 2,0	± 3,0

Die Lieferzeit für die terrestrisch-photogrammetrischen Aufnahme- und Auswerteausrüstungen gibt STRAUBEL mit 18 Monaten an, obwohl diese Geräte sofort ab Lager lieferbar sind.

Wie wertvoll der Einsatz des Luftbildes für spezielle geologische Zwecke mit Hilfe der Luftbildinterpretation ist, geht recht gut aus der von STRAUBEL angegebenen Literatur hervor. Den zu diesem Arbeitsgebiet gemachten Äußerungen STRAUBELs ist kaum etwas hinzuzufügen.

Internationale Konferenz über das Mesozoikum

vom 15. bis 23. 9. 1959 in Budapest

HEINRICH KÖLBEL, Berlin

Die Konferenz, zu der die Ungarische Geologische Anstalt anläßlich ihres 90jährigen Bestehens eingeladen hatte, fand im Gebäude der Anstalt in Budapest, Vorosilov út 14, statt. Sie sollte einen Überblick über den derzeitigen Stand der Erforschung des Mesozoikums geben und auf Grund der ungarischen und ausländischen Erfahrungen durch Meinungsaustausch die Möglichkeit einer einheitlichen weiteren Erforschung der mesozoischen Bildungen in der mediterranen Region erörtern.

Die Tagung wurde von einem Organisationsausschuß unter dem Vorsitz von Kand. d. geol.-mineral. Wiss. J. FÜLÖP, dem Direktor der Anstalt, vorbereitet und durchgeführt.

Es nahmen neben 170 ungarischen 66 ausländische Fachgenossen aus 10 Staaten teil. Von 65 Vorträgen wurden 33 von Ungarn und 32 von Ausländern gehalten. Außerdem fanden 3 viertägige und eine halbtägige Exkursion in die Gebirge Ungarns statt.

Hauptgegenstand der Vorträge waren Stratigraphie, Tektonik und Lagerstätten des Mesozoikums Ungarns und anderer beteiligter Länder. Wenn auch die Deutsche Demokratische Republik an den Karpaten keinen Anteil hat, so gab es doch für unsere sechs Teilnehmer nicht nur allgemeine Anregungen, wie sie jede Tagung bringt, sondern auch bestimmte Probleme. Diese ergaben sich insbesondere aus unserer Teilnahme an internationalen Arbeiten. Vor allem ist an die Mitarbeit an der Tektonischen Weltkarte und an dem Atlas lithologisch-fazieller, paläogeographischer und paläogeologischer Karten der Russischen Tafel und angrenzender Gebiete zu denken, eine Arbeit von hoher wissenschaftlicher und wirtschaftlicher Bedeutung. Die sich hieraus im Hinblick auf Ungarn ergebenden Fragen sind stratigraphischer und tektonischer Art.

Die Mitarbeit an dem Atlas setzt voraus, daß die auf den einzelnen Karten behandelten stratigraphischen Einheiten nach unten und oben möglichst genauso wie in den anderen beteiligten Ländern abgegrenzt werden, daß sie denselben stratigraphischen Inhalt haben. Entscheidend hierfür ist der paläontologische Befund. Ausgangsgebiete der stratigraphischen Gliederung sollten dabei in erster Linie die hochmarinen Gebiete, im Mesozoikum in erster Linie die Tethys, sein. Besonders problematisch ist die Parallelisierung unserer germanischen Trias mit der alpinen, die die Grundlage der internationalen Gliederung ist. Verbindungen zwischen beiden Gebieten haben bald über die Burgundische, bald über die Oberschlesische Pforte bestanden. Doch wurden selbst im marinen Muschelkalk bisher nur ganz wenige gemeinsame Arten, insbesondere von Muscheln, nachgewiesen, die aber nicht in erster Linie als Leitfossilien geeignet sind. Alpine Ammonitengattungen sind nur aus dem Muschelkalk bekannt und bis auf die Ceratiten selten. Es käme also darauf an, in alpinen Gebieten die stratigraphische Reichweite möglichst vieler auch bei uns und auch in der Unteren und Oberen Trias vorkommender Mollusken-Arten sowie gemeinsame Mikrofaunen und -floren festzustellen. Ungarn, das der Oberschlesischen Pforte verhältnismäßig nahe liegt, wäre wohl eines der geeignetsten Gebiete für solche Vergleiche. Erinnert sei hierbei z. B. an den Vortrag von F. GÓCZÁN über „Stratigraphische Auswertung der Schnecken-Faunen der transdanubischen und alpinen Trias".

Im Jura Ungarns finden sich, wie das Tagungsmaterial zeigte, zahlreiche mit West- und Mitteleuropa gemeinsame Leitammoniten. Ein besonderes Problem stellt jedoch die Lage der Jura-Kreide-Grenze dar. Sie wird in Nordwestdeutschland entsprechend der englischen Purbeck-Wealden-Grenze gezogen und fällt in den deutschen „Wealden" hinein, wo sie außerdem im Gebiet der DDR bisher nicht festzustellen war. Diese Jura-Kreide-Grenze ist weder mit der in der SU zwischen Obere Wolga-Stufe und Rjasaner Stufe gelegten, noch mit der in den französischen Alpen zwischen Tithonien und Berriasien angenommenen Grenze koordiniert. Der Weg dazu könnte vielleicht, ausgehend von den Ammoniten der Tethys, über deren begleitende Megafauna oder über die Mikrofauna und -flora gefunden werden; einen Ausgangspunkt könnten das Tithonien und Berriasien Ungarns bilden.

Vom tektonischen Standpunkt aus sind das Problem des Ungarischen Zwischengebirges und die heutigen Auffassungen über dessen regionale Lage und Bedeutung nicht nur für den alpinen Bereich, sondern auch für uns im Hinblick auf etwaige Parallelen im Variszikum von Interesse.

Die Tagung in Budapest gab erste Ansatzpunkte zur Lösung solcher und ähnlicher Probleme, vielleicht auch bei diesem und jenem Teilnehmer erste Ergebnisse. Das weitere muß die Auswertung des ausführlichen Materials und die weitere Zusammenarbeit bringen.

Ähnliche Fragen wurden von Herrn Dr. W. KRUTZSCH während der Tagung für die Stratigraphie des Tertiärs behandelt.

Auch für die Methodik der Erdöl- und Erdgaserkundung erhielten einige unserer Teilnehmer dank einer freundlichen Einladung der leitenden Geologen des Ungarischen Erdöltrusts wertvolle Anregungen.

Die Zweite Internationale Konferenz zur friedlichen Anwendung der Atomenergie[1]

N. S. SONTOW

Vom 1.—13. September 1958 fand in Genf die Zweite Internationale Konferenz zur friedlichen Anwendung der Atomenergie statt, die von der Organisation der Vereinten Nationen (UN) durchgeführt wurde. 68 Länder waren mit etwa 3000 Delegierten vertreten.

Von den 80 Sitzungen waren sechs den Rohstofffragen gewidmet: E — 5: Vorräte von Atomrohstoffen, E — 6: Abbau der Erze, E — 7a: Verarbeitung der Erze und analytische Methoden, E — 7b: Geochemie, E — 9: Geologie, Mineralogie und Erkundung und E — 10: Bergbau-Industrie und Apparaturen.

Entsprechend ihrer Thematik verteilten sich die Vorträge auf folgende Gebiete:

Uranvorräte und Beschreibung von Teillagerstätten bzw. Gebieten	40	Vortr.
Genesis von Uranlagerstätten	15	„
Geochemie, Mineralogie und Radiohydrogeologie	32	„
Methodik der Erkundung von Uranlagerstätten	20	„
Beschreibung geophysikalischer Apparaturen	4	„
Geologie und Vorräte von Thorium, Zirkonium und Beryllium	10	„
Methoden und Kosten der Uranförderung	4	„

Angaben über Uranvorräte wurden von Teilnehmern aus den USA, Kanada, Südafrika und einigen anderen Ländern gemacht. Danach werden die erkundeten Uranvorräte der kapitalistischen Länder auf etwa 800000 t geschätzt; davon besitzt Kanada 295000 t, Südafrika 255000 t und die USA 170000 t. Als industriell wichtigste Uranlagerstätten erscheinen z. Z. die uranerzführenden präkambrischen Konglomerate Kanadas und Südafrikas sowie asphaltitführende jurassische Sandsteine im Gebiet des Ambrosius-Lake in den USA.

Kanadische Vertreter gaben eine Beschreibung der bekannten Lagerstätten uranerzführender Konglomerate des Blind-River, der Pegmatite von Bankroft und Saskatchewan und der hydrothermalen Erze von Biberlodge. Weiterhin wurden auch die Uran-Thorium-Lagerstätten Alaskas beschrieben. Von den südamerikanischen Ländern berichtete nur Argentinien über seine Uranlagerstätten, unter denen die Lagerstätte Malarg im Kreidesandstein der Provinz Mendoza die größte industrielle Bedeutung besitzt.

In den japanischen Vorträgen wurde eine Zusammenfassung der Lagerstätten (am wichtigsten erscheint die Lagerstätte in den neogenen Konglomeraten in Ningyô tôgé/Westjapan) und der Urananzeichen in Pegmatiten, hydrothermalen Gängen und Sedimentgesteinen vorgelegt.

Von den Ländern des afrikanischen Kontinentes gab ein Vertreter der Südafrikanischen Union eine Beschreibung der bekannten Uranerzlagerstätten in den goldführenden Konglomeraten des Witwaterrandes, in der die Theorie der Uraninitbildung in Seifen verteidigt wurde (LINDENBERG). Die Vereinigte Arabische Republik berichtete über neuentdeckte Uranlagerstätten in neogenen und Kreidesedimenten.

In den französischen Vorträgen wurden die Ganglagerstätten der Montagne de Limousin, Monts du Forez und aus der Vendée beschrieben, in denen Uranerze abgebaut werden, sowie die Lagerstätte uranführender schwarzer Karbon-Schiefer im Gebiet von San Hippolito. Die wichtigsten Lagerstätten treten in den italienischen See- und Ostalpen in Schiefern und Sandsteinen der Permo-Trias auf.

In einer Anzahl von Vorträgen wurden allgemeine Fragen der Geologie und der Genesis von Uranerzlagerstätten diskutiert. R. D. NININGER (USA) berichtete über die Verteilung der Uranvorräte in den drei Hauptlagerstättentypen. Wenn man im Jahre 1946 92% der Uranvorräte zu den hydrothermalen und 8% zu den sedimentären Lagerstätten rechnete, so hat sich bis zur Gegenwart das Verhältnis so verschoben, daß 65% der Vorräte in präkambrischen Konglomeraten, 25% in Sedimentgesteinen und nur 10% in hydrothermalen Lagerstätten auftreten. Eine Verteilung der Vorräte auf die drei geologischen Hauptstrukturen der Erdkruste zeigt nach J. KRETCHMAN (USA), daß auf die präkambrischen Schilde die wichtigsten Urangebiete mit 75% aller Vorräte und 55% der Uranförderung der kapitalistischen Länder entfallen. An zweiter Stelle liegen die Sedimente, die mehr als 20% der Weltvorräte (ohne UdSSR und die volksdemokratischen Länder) mit etwa 40% der Uranförderung enthalten.

Orogenetische Faltengürtel ergaben bis jetzt trotz bedeutender Erkundungsarbeiten keine namhaften Uranerzlagerstätten. Größere produktive Gebiete kennt man lediglich aus dem variskischen Faltengürtel Europas.

J. KERR (USA) betonte die hydrothermale Entstehung des Uranerzes in den sedimentären Gesteinen des Colorado-Plateaus. RUSSEL (USA) betrachtete den Zusammenhang einiger Großlagerstätten in den Sedimentgesteinen der USA mit Erdöl- und Erdgasstrukturen. Er versuchte, die Rolle des Erdöles und Erdgases bei der Bildung von Urananreicherungen zu erklären (Lagerstätten des Gebietes von Ambrosius-Lake im Staate New-Mexiko, der Gas Hills im Staate Wyoming und in New-Mexiko). Flüssiges Erdöl ist nur ein schwaches Lösungsmittel und Extrahent von Uran und kann deshalb weder eine transportierende noch eine extrahierende Rolle spielen. Feste Bitumina, die bei Erhärtung von oxydiertem Erdöl entstehen und nach der Migration des flüssigen Erdöles in zerstörten Erdöllagerstätten zurückbleiben, absorbieren Uran aus wäßrigen Lösungen und fällen es aus. Naturgas kann aus Lösungen bei einem Überschuß von Schwefelwasserstoff auch Uran absorbieren und ausfällen.

In den Vorträgen zur Erkundung der Uranlagerstätten wurden die wesentlichen radiometrischen Methoden — Aeroradiometrie, radiometrische Aufnahmen auf der Erde mit dem Auto und durch Fußgänger, Gamma-Karottage von Bohrlöchern —, die Methoden der allgemeinen Geophysik — Seismik, Magnetik, Elektrik — sowie die geochemischen Methoden — Metallometrie und Hydrochemie — behandelt.

Französische Wissenschaftler z. B. berichteten über die aeroradiometrische Erkundung in der Zentralsahara und in den Wüstenteilen Äquatorialafrikas. Diese Erkundungen, bei denen mehrfach gerichtete Szintillationszähler, die eine deutliche Registrierung der Gesamtradioaktivität (von Kalium, Uran, Thorium u. a.) erlauben, verwendet wurden, erfolgten in zwei Etappen: zunächst die Übersichtserkundung und danach die eingehenden, detaillierten Untersuchungen.

USA-Delegierte erläuterten Aero-Gamma-Aufnahmen sowie statistische Methoden zur Analyse vieler wichtiger Aus-

[1] Aus: „Geologie der Erzlagerstätten", Moskau, Jg. 1 (1959), H. 1, S. 109—111 (russisch), Ref.: H. SCHULZ, Niederschlema

strahlungsstärken an Orten mit unterschiedlichem radioaktivem Gesteinsuntergrund. R. MOXHEIM (USA) brachte in seinem Bericht Angaben über die großräumige Szintillometrie, die die Anwendung halbquantitativer analytischer Technik für aeroradiometrische Arbeiten erlaubt. In Japan wurden für die Erkundungen vom Auto aus spezielle Instrumente entwickelt, sogenannte Uranoskope, die das Radarprinzip ausnützen.

Viele von den USA vorgelegten Arbeiten berühren Fragen der Gamma-Karottage von Bohrlöchern. In den USA werden zur Zeit etwa 75% der Uranvorräte nach den Angaben der Karottage berechnet. In Verbindung damit läßt man der Präzisierung dieser Angaben große Aufmerksamkeit zuteil werden. Die Anwendung der Gamma-Karottage gestattet weiterhin, die billigere und produktivere kernlose Bohrung auszunutzen, und verbilligt dadurch die Erkundungsarbeiten. Über die erfolgreiche Anwendung der Elektrik in Verbindung mit anderen Methoden bei der Uranerkundung und der Klärung verdeckter geologischer Strukturen wurde von einem französischen Delegierten berichtet.

Den geochemischen Methoden der Uranerkundung wurde von den Vortragenden aus den USA, Frankreich, Japan und einigen anderen Ländern viel Aufmerksamkeit geschenkt. So hielten USA-Vertreter Vorträge zu den Themen: „Zerstörung des radioaktiven Gleichgewichtes als Mittel zum Verständnis der natürlichen Migration von Uran und seiner Zerfallsprodukte“; „Die Verwendung der radiogenen Bleies für die Erkundung auf Uran, Thorium u. a.“. Zur praktischen Bedeutung der geochemischen und hydrochemischen Methoden für die Uranerkundung teilte L. PAGE (USA) mit, daß im Verlaufe von drei Jahren durch diese Methoden zwar keine bedeutenden Uranlagerstätten entdeckt wurden, doch gebühre den geochemischen Methoden als potentiellen Erkundungsmethoden bei der Erkundung neuer Uranlagerstätten volle Aufmerksamkeit.

Von den 12 sowjetischen Vorträgen fand vor allem der von G. S. GRIZAENKO & L. N. BELOWOI über „die mineralogischen Typen der Oxydationszonen von hydrothermalen Uran- und von Sulfid-Uran-Lagerstätten der UdSSR“ großen Beifall.

Lesesteine

Brillanten

Die Sowjetunion, der von westlicher Seite immer wieder vorgeworfen wird, sie führe Dumpings durch, um die Preise des kapitalistischen Weltmarktes zu erschüttern, hat mit der Diamond Corporation of South Africa, die unter Leitung von HARRY OPPENHEIMER steht, einen Verkaufsvertrag abgeschlossen. Nach ihm verkauft das Diamantensyndikat, das bereits den größten Teil der in der westlichen Welt geförderten Diamanten vertreibt, nun auch die aus der Sowjetunion exportierten Schmuckdiamanten. Wie der Westberliner „Kurier“ vom 28. 1. 1960 triumphierend meint, atmen nun die Diamantproduzenten und -händler der westlichen Welt wieder auf. „Die Gefahr, daß die Sowjetunion in naher Zukunft den Weltmarkt mit Diamanten überschütten und das stabile Preisgefüge unterminieren könnte, ist gebannt“; denn Mr. OPPENHEIMER habe sich verpflichtet, die sowjetischen Schmuckdiamanten „abzusetzen und unter Verzicht auf Preisunterbietungen die bestmöglichen Erlöse zu erzielen“.

Lassen wir den „Kurier“ weitersprechen:

„Im Westen ist in der letzten Zeit ernsthaft mit der Möglichkeit eines sowjetischen Diamanten-Dumpings und seinen beträchtlichen Auswirkungen auf viele Wirtschaftszweige in Europa, Afrika und Amerika gerechnet worden. Denn die Sowjetunion hat ihre Diamantenproduktion innerhalb weniger Jahre nicht nur außerordentlich erhöht, sie hat in den weiten Tundren Ostsibiriens auch neue Vorkommen entdeckt, die weit größer als die berühmten Lagerstätten Südafrikas sein sollen.“

Dieses Abkommen über den gemeinsamen Vertrieb von Schmuckdiamanten zeigt, daß sich durch Verhandlungen von Partnern verschiedener Gesellschaftsformen brillante und beide Seiten befriedigende Regelungen erzielen lassen. Statt mit Propagandaphrasen die eigenen Märkte zu beunruhigen, sollte man im Westen besser lernen, vorhandene Möglichkeiten zu erkennen und einzuschätzen. Die sowjetischen und südafrikanischen Geologen, deren erfolgreichen Sucharbeiten das Diamantensyndikat den Großteil seiner Brillanten verdankt, werden es mit uns als ein Symbol menschlicher Zusammenarbeit werten, wenn in Zukunft auf einem Kollier neben südafrikanischen nun auch sowjetische Steine funkeln werden.

E.

„Der mächtigste Römer seit Augustus“

So bezeichnen mitunter italienische Zeitungen ENRICO MATTEI, den Präsidenten der ENI, des Staatlichen Kohlenwasserstoff-Konzerns, der mit Aktiven in Höhe von etwa 8,5 Mrd. DM an die achte Stelle unter den großen internationalen Ölkonzernen aufgerückt ist.

MATTEI wurde 1906 als fünftes Kind eines Polizeiwachtmeisters geboren. Mit 14 Jahren war er Anstreicher in einem Kleinbetrieb, mit 19 Jahren Direktor einer Gerberei, die 150 Arbeiter beschäftigte, und 1934 gründete er ein eigenes kleines chemisches Unternehmen.

Nach dem Einrücken der Westmächte in Süditalien wurde er Führer einer größeren Partisanenabteilung. Von der faschistischen Geheimpolizei verhaftet, konnte er aus der Todeszelle des Gefängnisses von Como im letzten Augenblick vor der Hinrichtung befreit werden. Nach Beendigung des Krieges erhielt MATTEI von seiner Regierung, die unter dem Einfluß anglo-amerikanischer Erdölkonzerne handelte, den Auftrag, die Staatliche Erdölgesellschaft zu liquidieren. Nachdem er jedoch die Ansichten der italienischen Geologen über die möglichen Aussichten der Erkundungsarbeiten in der Po-Ebene kennengelernt hatte, tat er das Gegenteil und ließ eigenmächtig die Bohrungen intensivieren. Gerade als man ihn zur Verantwortung ziehen wollte, wurde im März 1946 der erste größere Erdgasfund in der Po-Ebene bei Caviaga gemacht. 1949 kam der große Erfolg durch die Entdeckung der Kondensatlagerstätte Cortemaggiore südlich von Cremona. Jetzt wurde MATTEI auch von seiner Regierung anerkannt. Er machte das Methan zur billigsten Energiequelle Norditaliens. An das Erdgasnetz sind über 2000 Betriebe, darunter die Fiat-Werke in Turin, und 2,5 Mill. Haushalte angeschlossen.

In den sich entwickelnden politischen Kämpfen widersetzte sich MATTEI energisch dem Eindringen anglo-amerikanischen Finanzkapitals in die italienische Ölwirtschaft. In den letzten Jahren wurden in Sizilien von 85 Bohrungen der ENI 35 fündig, davon 25 in den Feldern bei Gela, die eine Förderkapazität von 3 Mio jato besitzen, aber nur mit 400000 jato ausgenutzt werden. Man baut jetzt bei Gela ein petrochemisches Kombinat, das etwa 3 Mio jato Rohöl verarbeiten soll. Ein weiteres großes, auf Erdgasbasis arbeitendes petrochemisches Kombinat der ENI liegt bei Ravenna und produziert vorwiegend Stickstoff, Ammoniak, Plaste und Kunstgummi.

Inzwischen hat sich die ENI mehr und mehr zu einem imperialistischen Konzern umgewandelt, der die alten sieben Erdölgroßkonzerne lediglich dadurch bekämpft, daß er im Iran, in Ägypten, Lybien und Marokko das Prinzip der „fifty-fifty-Beteiligung“ durchbrochen hat und seinen Partnern Gewinnbeteiligung bis zu 75% und darüber zusichert. Nach dem Öl von Tunis, dem Sudan, Pakistan, Jugoslawien und Argentinien streckt die ENI ihre Fangarme aus.

Auch MATTEI wird einmal erkennen, daß die Bäume im Erdöl/Erdgas-Sektor nicht mehr wie zu des alten ROCKEFELLERS Zeiten in den Himmel wachsen. Als Mitglied der Christlich-Demokratischen Partei seines Landes wird er wohl den tektonischen Wink verstanden haben, als durch die Naturgewalt seine Pläne, in dem heute vom Erdbeben zerstörten Agadir eine Großraffinerie zu errichten, in wenigen Sekunden zunächst vereitelt wurden. Auch als neuzeitlicher römischer Augustus soll man sich nicht von Erfolgen blenden lassen und erkennen, daß jeder Imperialist, mag er sich nach außen hin noch so liberal und fortschrittlich gebärden, den verderblichen Weg der kapitalistischen Wirtschaft gehen muß.

Ein in Metanopolis, der Methanstadt bei San Donato, an der Peripherie von Mailand arbeitender und im Interesse des italienischen Volkes forschender MATTEI würde jedenfalls einen größeren Römer abgeben, als ein nach Profiten jagender Imperialist. Nicht nur wir, sondern auch die Italiener haben schon einmal mit einem Mann, der als Anstreicher anfing und sich in den Trümmern seines tausendjährigen Reiches selbst entleiben mußte, eindeutige Erfahrungen gemacht. Ungestraft kann heute niemand mehr gegen die Interessen seines eigenen Volkes und die Freiheitsbestrebungen unterdrückter Völker handeln. LANGE

Unnötige Kopfschmerzen

Der „Rheinische Merkur" beschäftigte sich am 15. 1. 60 mit der „Ölsuche in der Sowjetzone" und begann seine Ausführungen mit dem Satz: „Die Lösung des Energieproblems macht den Sowjetzonenmachthabern starke Kopfschmerzen." Zwei Tage später beschäftigte sich der Westberliner „Tag" mit der Erdöl- und Erdgaswoge aus der Sahara, „die so hoch und so gewaltig ist, daß sie mit Sicherheit über uns hinwegschlagen wird". Das Blatt meint zu dieser Aussicht: „Der Wirtschaft und der Bundesregierung bereiten diese beiden Wogen von Woche zu Woche mehr Kopfzerbrechen." Der Kopfschmerz bei uns soll sich also zum zerbrechenden Kopf bei der Bundesregierung und der westdeutschen Wirtschaft gesteigert haben!

Das Energieproblem, verschärft durch die sich überstürzenden neuen Funde großer Erdöl- und Erdgaslagerstätten in den Sedimentbecken aller Kontinente, muß überall gelöst werden. Ausschlaggebend für seine Lösung ist die den wirtschaftlichen Bedingungen, also vorwiegend den modernsten Verbrauchsmöglichkeiten angepaßte und proportional ausgerichtete Nutzbarmachung der erkundeten und wirtschaftlich ausnutzbaren Energiequellen. Dazu braucht man seinen Verstand, aber weder Kopfschmerzen noch Kopfzerbrechen. Nötig ist vielmehr, planmäßig die gegenwärtigen ökonomischen Verhältnisse zu analysieren und auf Grund der so gewonnenen Erkenntnisse die vorhandenen Energiequellen proportional ihres ökonomischen Gewichtes zu entwickeln. Die Weiterentwicklung der ökonomisch bedingten Proportionen der bereitzustellenden Energiearten hängt von der ökonomischen Analyse ab, in der die wirtschaftliche Dynamik der einzelnen Rohstoffarten und Rohstoffvorkommen voll berücksichtigt sein muß. Die beste Analyse wird der herstellen, der die weitestgehende Planung besitzt. Infolgedessen können wir ruhig in die Zukunft sehen und die Kopfschmerzen und das Kopfzerbrechen getrost denen überlassen, die, statt mit dem Verstand zu planen, weiterhin an Wirtschaftswunder glauben. E.

Älteste deutsche Braunkohlengrube

1555 wurde bei Schwalbenthal das Braunkohlenvorkommen am Meißner entdeckt. Bereits 1578 wurde mit der Förderung begonnen. Die Kohle diente damals zum Versieden der Sohle von Bad Sooden. 1622 wurde dann auf der Westseite des Hohen Meißner im Bransröder Feld gleichfalls mit der Förderung begonnen. Diese wurde bis 1928 fortgesetzt, und die Seilbahn, die damals die Kohle zutage brachte, dient heute noch als Transportmittel für einen Basaltsteinbruch.

Nach Beendigung des letzten Krieges nahm die Ilse-Bergbau-AG den Betrieb im Bransröder Revier wieder auf. Eine 7 km lange Seilbahn, die einen Höhenunterschied von 330 m überwindet und täglich über 1000 t förderte, wurde nach Walburg gebaut. Die Bewältigung des Abraumes ist besonders schwierig, da das Deckgebirge aus einer bis zu 60 m mächtigen Basaltdecke besteht. Schwerlastkraftwagen mit einem Ladegewicht von 6—7 m³ werden von Spezialsteinbruchbaggern beladen. Allein im Tagebau Kalbe lagern noch etwa 8 Mio t Kohle.

Aber durch die Krise ist auch der Bergbau am Hohen Meißner nunmehr in Schwierigkeiten geraten. Die Belegschaft von über 150 Bergarbeitern ist durch Feierschichten und Betriebseinschränkungen in ihrer Existenz bedroht. Die weiteren Aussichten für die Erhaltung dieses ältesten deutschen Braunkohlenbergbaues scheinen daher wenig günstig zu sein. E.

Besprechungen und Referate

JUNGWIRTH, J.

Die Bergwirtschaft der Burmesischen Union

„Berg- und Hüttenmännische Monatshefte", Jg. 104 (1959), H. 7, S. 143—151

Der Verfasser teilt seine 1957/58 in der Union von Burma gesammelten Erfahrungen über die dortigen Bergbauverhältnisse mit.

Nach kurzer allgemeiner wirtschaftlicher und geologisch-morphologischer Übersicht sowie Charakteristik der klimatischen Bedingungen, die für den Bergbau und die geologische Erkundung von Bedeutung sind, behandelt JUNGWIRTH die bergwirtschaftlich wichtigsten Minerale und beschreibt die einzelnen Mineralvorkommen.

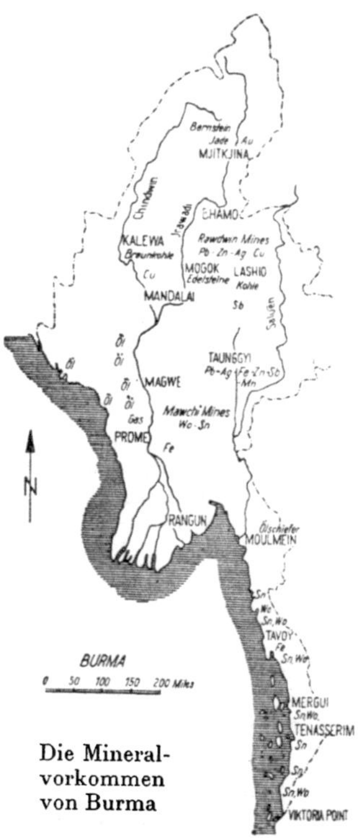

Die Mineral-
vorkommen
von Burma

Das wichtigste Bergbauprodukt Burmas ist das Erdöl, das in tertiären Schichten der großen Geosynklinale Zentralburmas vorkommt. 1956 erreichte die Rohölproduktion ungefähr 60 Mio Gallonen [1 Gallone = 3,78 l], liegt damit aber um etwa 80% niedriger als vor dem 2. Weltkrieg.

Die Nichteisenmetalle hatten vor Ausbruch des Krieges in Burma große Bedeutung, insbesondere Blei, Zink, Silber, Zinn und Wolfram. Burma war einmal der größte Wolframproduzent der Welt, und die berühmten Bleierzgruben von Namtu (Bawdwin) waren die bedeutendsten Asiens. Heute ist die Produktion derart zurückgegangen, daß Burma seine Weltbedeutung auf diesem Gebiet verloren hat.

Der Hauptproduzent von Blei-Zink-Silbererzen ist nach wie vor die bekannte Bawdwin-Grube in den nördlichen Shan-Staaten mit der Hütte in Namtu. 1957 wurden 117000 t Roherz abgebaut. An Erzreserven wurden mit Stand vom 1. 7. 1957 2,323 Mio t mit folgenden Gehalten angegeben: 448 g Ag/t, 20,6% Pb, 12,7% Zn und 0,93% Cu. Das Erz wird aus 3 mächtigen steileinfallenden Erzgängen gewonnen, deren streichende Länge rd. 1000 m beträgt. Die Mächtigkeiten liegen beim Chinaman-Gang bei durchschnittlich 20 m, bei den Shan- und Meingtha-Gängen bei rund 7 m.

Weitere Blei- und Zinkvorkommen befinden sich bei Bawzaing (in den südl. Shan-Staaten) in Form von Bleikarbonat-Bleiglanz-Erzen im Kalkstein des Shan-Plateaus sowie bei Longhkeng (ebenfalls in den südl. Shan-Staaten) in Form von Zinkkarbonat-Vorkommen (mit 35—40% Zn).

Der in Mittelburma gelegene Zinn-Wolfram-Bergbau geht vor allem in den Mawchi-Gruben um, deren Erzvorräte 1957 etwa 616455 t betrugen (bei Gehalten von 1,25% SnO_2 und 1,25% WO_3). Zinn- und Wolframerze werden außerdem im Tavoy-Gebiet und im Mergui-Distrikt (im Süden Burmas) gebaut. Die Zinn-Wolfram-Erzeugung ging um 79% gegenüber 1939 zurück.

Die Gewinnung von Edel- und Halbedelsteinen hat ebenfalls stark nachgelassen. Das heutige Zentrum der Edelsteingewinnung liegt bei Mogok (Oberburma), wo Rubine, Saphire und Spinelle gefunden werden. ULBRICH

FRICKE, K.

Einige wenig bekannte Lagerstätten und Mineralvorkommen der Arabischen Halbinsel

„Glückauf" Nr. 17, 1959, S. 1074—1085

Ölschiefervorkommen an der Grenze des Nubischen Sandsteins zum Trapp sind aus dem Jemen, ferner im Jura aus dem Jemen und Hadhramaut bekannt geworden. Etwa 25 km nordöstlich Sana treten die Ölschiefer zutage oder können in etwa 25 m tiefen Brunnen mit ca. 3 m Mächtigkeit angetroffen werden. An mehreren Proben wurde ein Heizwert von etwa 1300 kcal/kg ermittelt. Der Ölschiefer enthielt 4,2% flüchtige Bestandteile, 0,8% gebundenen Kohlenstoff und 79% Asche.

Kohlen wurden im Oberen Nubischen Sandstein in Südarabien, Ägypten, Äthiopien, im Sudan und in den Somaliländern gefunden. Die Ablagerungen sollen linsenförmige Form besitzen und unter lagunären Bedingungen gleichzeitig mit dem Ölschiefer entstanden sein. Die Flöze enthalten oft erhebliche tuffitische Bergemittel und sind durch vulkanische Einwirkungen z. T. völlig ausgewalzt und zerstört. Sie besitzen sehr hohe Aschewerte (60%), und ihr Heizwert beträgt nur 2100 kcal/kg. Fettkohlen am Basaltkontakt haben 25% flüchtige Bestandteile und nur 7,5% Asche. Ein Profil, etwa 35 km nordwestlich von Mukalla, lautet:

150 m	Kalkstein	Mittl. Eozän
20 m	rotbrauner Sandstein	Unteres Eozän
3 m	harter roter Sandstein	
0,2 m	gelber und roter Schiefer	
1,1 m	plastischer blauer Ton mit Gips	
0,4	Lignit	
0,1 m	kohliger, sandiger Schiefer	
2 m	wie vorst., mit Pyritknollen	
15 m	gelber, brauner und blauer Schiefer	
20 m	kreuzgeschichter Sandstein	Nubischer Sandstein
200 m	massiver Sandstein	

Bedeutung besitzt die Salzgewinnung an den Salzstöcken Südarabiens, deren stratigraphische Einstufung meist noch ungeklärt ist. Abgebaut werden Lagerstätten von Quizan im Asir (etwa 60 km nördlich der jemenitischen Grenze) und auf der Halbinsel Salif im Jemen, wo sich das Salz durch besondere Reinheit auszeichnet. Weitere Vorkommen befinden sich u. a. bei Shabwa, Marib und Aiyadim. Das Steinsalz auf den Inseln zwischen den Küsten von Trucial Oman und Iran besteht aus 93% NaCl, 0,5% $MgCl_2$, 0,5% KCl, 2% $CaSO_4$ und 4% Eisen und Ton.

In Najran und Asir an der Grenze Kristallin—Basalt wurde ein 30 m mächtiges Bauxitlager mit 7 Mio t Vorräten entdeckt. Im Hinterland von Mukalla findet sich Bauxit im Unteren Eozän.

Jurassische und tertiäre Schichten der Arabischen Halbinsel enthalten umfangreiche Gips- und Anhydritvorkommen. Sie liegen im Najd, nördlich von Yembo, in der Oase Liwa und im Hinterland von Mukalla. Daneben finden sich Glimmervorkommen im Protektorat Aden, Schwefelvorkommen im Jemen, Midian und Oman und Halbedelsteine nördlich Sana im Jemen. DRESSEL

BARANOW, W. J.

Radiometrie

2. verb. Aufl., Moskau 1956, deutsch von K. ROTHE, B. G. Teubner Verlagsges., Leipzig 1959, 422 S. mit 181 Abb.

Daß dieses bereits international anerkannte Lehr- und Handbuch der Radiometrie nunmehr auch in deutscher Ausgabe vorliegt, ist bei der Bedeutung der radiometrischen Methoden für die Analyse von Gesteinen und für die Feldvermessung sehr zu begrüßen. Die der Übersetzung zugrunde gelegte 2. Ausgabe unterscheidet sich von der ersten durch eine übersichtlichere Stoffeinteilung, präzisere Überschriften und eine ausführlichere Beschreibung der meistverwendeten Geräte und der Meßmethoden. Im Anhang wird eine von W. HARTMANN (T. H. Dresden) verfaßte ausführliche Darstellung (36 S.) der in der DDR hergestellten Strahlungsmeßgeräte (Analysier- und Registriergeräte wie Zählrohre, Szintillationszähler, Labormeßgeräte, dosimetrische Geräte usw.) gegeben und ihre Anwendung hinzugefügt. Auch der 40 S. umfassende 2. Teil des Anhanges, der mit umfangreichen Tafeln, u. a. über radioaktive Reihen, Radonzerfall, radioaktive Mineralien, eine wertvolle praktische Arbeitshilfe bietet, ist sehr zu begrüßen. In den ersten Abschnitten des Buches werden die verschiedenen Strahlungen, die radioaktiven Umwandlungen und die Methoden der Beobachtung und der Intensitätsmessung dargestellt. Relativ kurz (40 S.), aber instruktiv und inhaltsreich ist der Abschnitt über Radioaktivität und Geologie (Uran- und Thoriumlagerstätten, Migration der Radioelemente in den Gewässern, geologische Altersbestimmung, Radioaktivität und Erdwärme u. a. m.). Den größten Umfang haben sodann die Abschnitte über Laboranalyse, Feldmethoden (und -geräte), Anwendung im Bergbau, besonders in Bohrlöchern, Dispersionsgebiete, Eindringtiefe der Meßmethoden, Prospektion vom Flugzeug aus usw. Auch dem Strahlungsschutz, besonders bei der geologischen Arbeit, ist ein Abschnitt gewidmet. In Anbetracht der wachsenden Bedeutung der Radiometrie bedarf dieses gründliche Lehr- und Handbuch keiner besonderen Empfehlung. HAVEMANN

DUNBAR, C. O.

Historical Geology

2. Aufl., 500 S., 406 Abb., Verlag John Wiley & Sons, New York — London 1960, $ 7,95

Der Autor hat es verstanden, in seiner Historischen Geologie Wissenschaft und Popularität in der richtigen Proportion zu vereinigen. Da das Werk sich vorwiegend mit den nordamerikanischen Verhältnissen befaßt, bringt es europäischen Lesern viel Interessantes und Neues.

In seinem Vorwort weist der Autor darauf hin, daß sich die geologische Wissenschaft in stürmischer Aufwärtsentwicklung befindet, wozu einer der wichtigsten Impulse von den epochemachenden Entwicklungen der Atomphysik ausging. Infolgedessen ist diese zweite Auflage gegenüber der ersten, die 1949 erschien, modernisiert und erheblich erweitert worden.

In den 3 wichtigsten Abschnitten wird das Paläozoikum, das Mesozoikum und die Neuzeit der Erdgeschichte besprochen.

Die sehr zahlreichen, dem Buch beigegebenen Abbildungen erleichtern das Verständnis für den Text. Besonders hervorzuheben ist die ausgezeichnete Reproduktion der publizierten Fotografien. Von dieser hervorragenden Technik könnten auch unsere Verlage noch manches lernen. Außerdem betont der Autor mit Recht, daß sich für geologische Veröffentlichungen ein größeres Format (das seines Buches beträgt 19,5 × 26 cm), als bisher üblich war, eignet, da dieses erlaubt, die Abbildungen und Fotografien in größerem Format zu bringen. Unseren Lesern sei das Studium des Buches bestens empfohlen. E.

AMSTUTZ, G. C.

Spilitic Rock and Mineral Deposits

Bull. School of Mines and Metallurgy, Rolla, Nr. 96, 1958

Zu der Annahme einer primären spilitischen Gesteinsfamilie und damit zu einer Neuklassifizierung der magmatischen Mineralablagerungen gelangt G. C. AMSTUTZ unter der Grundvoraussetzung, daß gewisse Silikatschmelzen genug flüchtige Bestandteile festzuhalten vermögen, um die Hauptkristallisation auf die pegmatitisch-hydrothermale Stufe zu beschränken und so Hydromagmen und nicht nur hydrothermale Fluide zu entwickeln. Damit werde, so sagt er, eine große Vereinfachung erreicht und eine große Zahl von Problemen gelöst, von denen er u. a. anführt: die Entstehung von Spiliten und spilitischen Erzen, die der Serpentine, der Kupfer-Porphyr- und propylitischen Lager, vieler Sulphide oder Goldsulphid- oder Albit-Gold-Ablagerungen in basischen Intrusionen, der Lager von gediegenem Kupfer in Laven und vieler Eisen- und Manganlager. Auf der Basis seiner Interpretation der spilitischen Gesteinsfamilie und der spilitischen Minerallager lasse sich eine Lücke füllen in der alten Goldschmidt-Niggli-Bowen-Folge der magmatischen Gesteine und zugehörigen Minerallager. Er demonstriert dies in einer, wie er sagt, sich selbst erklärenden Tabelle.

H. HAVEMANN

JUNG, J. & R. BROUSSE

Classification modale des roches éruptives utilisant les données fournies par le compteur de points

Masson & Cie, Paris 1959. 122 S., 3 Abb.

Die Punktzählmethode nach CHAYES und GLAGOLEV hat unter den Petrographen vieler Länder großen Anklang gefunden. Erst kürzlich erschien die Monographie von CHAYES „Petrographic modal analysis" (s. Referat Z. Geologie 1957, S. 119). Auch in der DDR wurde dieses Verfahren eingeführt, und der VEB ROW entwickelte ein automatisches Zählgerät (s. SCHNEIDER & LAUX: Über die Anwendung eines modernen elektrischen Punktzählgerätes zur mikroskopischen Korngrößenbestimmung. Freiberger Forschungshefte B 39, 1959; Referat s. diese Zeitschrift 1959, S. 608) und im Messeheft 1960 der Bergakademie.

Unsere französischen Kollegen wandten diese Methode ebenfalls erfolgreich an, davon zeugt das vorliegende Heft.

In einem Kapitel (13 Seiten) werden die theoretischen Grundlagen der Methode in Anlehnung an das Werk von CHAYES dargelegt. Ein weiteres Kapitel (19 Seiten) schildert eine Klassifikation, die vom wirklichen Mineralbestand ausgeht. Sie lehnt sich an die von LACROIX gegebene mineralogisch-chemische an, die jedoch von berechneten Mineralbeständen abgeleitet ist.

Klassifikationsmerkmale sind für die Autoren der Sättigungsindex, der das Verhalten von Quarz bzw. Foid zur Summe Feldspat, Quarz resp. Foid kennzeichnet, die Farbzahl, ferner das Verhältnis Alkalifeldspat zur Gesamtsumme der Feldspäte sowie das Verhältnis der Kalifeldspäte zu den Alkalifeldspäten insgesamt und die Basizität der Plagioklase. Außerdem kennen die Autoren noch einen sog. Leucitnephelinindex, einen Peridotindex und einen Pyroxenamphibolindex. Strukturell unterscheiden die Autoren im Sinne ihrer Klassifikation vor allem grobkörnige Strukturen und mikrolitische oder glasige Strukturen. Von den Vulkaniten werden nur die Neovulkanite behandelt. Porphyre, Porphyrite und Diabase kennzeichnen als Gesteinsnamen eine sog. paläovulkanische Fazies, Quarzkeratophyr, Keratophyr und Spilit eine sog. albitophyrische Fazies. In den Klassifikationstabellen findet man diese Namen nicht, sie sind nur im alphabetischen Verzeichnis der Gesteine (etwa 500 Gesteinsnamen) enthalten. Im Gegensatz zur Nomenklatur der Mineralien ist die Nomenklatur der Gesteine nicht international, so findet man im Buche Gesteinsnamen, die man z. B. nicht im JOHANNSEN findet, z. B. Niligongit. Dieser Name charakterisiert auch eine bestimmte Gesteinsfamilie. Einige Gesteine würden bei uns vielleicht klassifikatorisch anders aufgefaßt werden, wie z. B. Charnokit, der hier in der Gruppe der subalkalischen Granite zu finden ist.

Dieses Heft ist eine schöne Ergänzung zum „Précis de petrographie" von JUNG (Referat s. Geologie 1959, S. 465).

T. KAEMMEL

SCHWIETE, E. & G. FRANZEN

Beitrag zur Struktur des Montmorillonit

Forschungsberichte des Wirtschafts- und Verkehrsministeriums Nordrhein-Westfalen, Nr. 484. 75 S., 20 Abb., 10 Tab., Westdeutscher Verlag, Köln und Opladen 1958

Nach einer eingehenden Diskussion der Literatur über Struktur, Röntgen-Interferenzen und thermisches Verhalten wird zunächst ein Bericht über das Brennverhalten des Montmorillonits von Mainburg gegeben. Das Hauptaugenmerk wird dabei auf die Veränderungen des Röntgenbildes zwischen 300—800° und die neuauftretenden Phasen im Bereich von 900—1200° gelegt.

Die Versuchsergebnisse sowie eine Reihe von Beobachtungen anderer Forscher nehmen die Verfasser zum Anlaß, gegenüber dem „klassischen" Strukturbild von HOFMANN (Tetraeder-, Oktaeder-, Tetraederschicht) eine neue Anordnung mit der Reihenfolge Oktaeder-, Tetraeder-, Tetraederschicht vorzuschlagen. Der Effekt der Quellung hat dann seine Ursachen in den OH-Gruppen der oktaedrischen Hydrargillit-Schichten, die durch ihren starken Dipol-Charakter eine Anziehung auf die Dipole des Wassers ausüben. Eine fast immer vorhandene negative Aufladung der Oktaederschicht (Ersatz von Al durch Mg oder Fe) bewirkt die Adsorption einer entsprechenden Menge austauschbarer Kationen, die ihrerseits die Quellung beeinflussen. Weiter lassen sich u. a. folgende Beobachtungen nach der alten Anordnung nicht erklären:

1. Montmorillonite von völlig gleichem Chemismus und gleicher Ladung besitzen oft verschiedene Quellungsbeträge in Wasser und unterschiedliche Basenaustauschkapazität, was nunmehr befriedigend durch Unterbringung der tetraedrischen Ladung (Ersatz von Si durch Al) in der mittleren bzw. äußeren Tetraederschicht gedeutet werden kann. Nur im ersten Falle liegt ein „echter" Montmorillonit vor, im zweiten Falle wird die negativ aufgeladene äußere Schicht an die Oktaederschicht durch die Kationen gebunden und die Quellung gehemmt!

2. Nach neueren Arbeiten über die Verwitterung der Tonminerale im Boden kann man einen direkten Übergang Montmorillonit-Kaolinit-Hydrargillit annehmen. Der Abbau nur einer Tetraederschicht beim Übergang zum Kaolinit setzt aber energetisch verschieden fest gebundene Tetraederschichten voraus, was mit der symmetrischen Pyrophyllitstruktur schlecht vereinbar ist.

Ferner wird die oft beobachtete Bildung von α-Quarz beim Zusammenbruch des Montmorillonitgitters leichter vorstellbar.

Als weitere Stütze der vorgeschlagenen Schichtenfolge im Gegensatz zum Pyrophyllit wird von den Verfassern eine rhombische Anhydroform des Pyrophyllits angeführt, die beim Montmorillonit fehlt.

G. FIEDLER

Perspektiven der Erdöl- und Erdgashöffigkeit und Richtlinien für die Erkundungsarbeiten auf Öl und Gas im nördlichen Kaukasus und seinem Vorland

Hrsg. Wirtschaftsrat des Krasnodarsker Gebietes (russisch), Moskau 1959

Der Sammelband enthält 14 Beiträge, darunter I. O. BROD „Geologische Einschätzung der Erdöl- und Erdgashöffigkeit des Kaukasusvorlandes" und M. F. MIRTSCHINK „Ergebnisse und Richtlinien der geologischen Erkundungsarbeiten auf Erdöl und Erdgas im nördlichen Kaukasus und seinen Vorländern". Die übrigen Aufsätze bringen Untersuchungsresultate aus einzelnen Rayons. Aus allen Beiträgen geht hervor, daß man der Erdöl- und Erdgashöffigkeit der Vorländer des Kaukasus und den an sie angrenzenden Tafelgebieten größte Aufmerksamkeit widmet. Die vorerkundeten höffigen Tafelgebiete erstrecken sich auf über 1000 km vom Ufer des Kaspischen Meeres bis zum Asowschen Meer und haben von Süden nach Norden eine Ausdehnung von über 400 km. Die größten Akkumulationen sind in mesozoischen Schichtenpaketen zu erwarten. Bisher sind bei der Erkundung tertiärer Schichten die Kosten für die Feststellung einer t sicher gewinnbaren Rohöls im Nordkaukasus um das Zwei- bis Dreifache höher als im Ural-Wolga-Gebiet mit seinen Tafellagerstätten. Es wird daher angestrebt, die Erkundungsarbeiten auf das Untersuchen großer, im Mesozoikum zu erwartender Lagerstätten auszurichten und dabei Bohrteufen von 3500—4000 m zu erreichen. Man erwartet, schwefelfreie oder doch fast schwefelfreie, besonders hochwertige Rohöle anzutreffen. Bis 1965 sollen die gewinnbaren Vorräte an Erdöl um etwa das Zweifache und an Erdgas um das 3,5fache erhöht werden.

E.

SCHOLTEN, R.

Synchronous Highs: Preferential Habitat of Oil?

„Bull. AAPG", Vol. 43 (1959), Nr. 8, S. 1793—1834, 30 Abb., 3 Seiten Literatur

Synchrone Erhebungen sind solche, die während der Sedimentation am Meeresboden bestehen bleiben. Sie können durch orogenetische Vorgänge, durch Sedimentationsvorgänge, z. B. Sandbarren, als Erosionsprodukte entstanden sein. Diese Gebilde sind besonders interessant, wenn sie Erdölspeichergesteine führen. Auf den Höhen ist wegen des reichen Planktonlebens auch die Masse an sedimentiertem organischem Material größer, reduzierende Bedingungen entstehen durch Hypertrophie, zumindest kurz unter dem Seeboden. Hanggleiten kann zudem zu schnellem Abschluß und zur Erhaltung führen. Beobachtungen an rezenten Sedimenten lassen vermuten, daß die Ölmigration bald nach der Sedimentation erfolgt und im Frühstadium der Diagenese ihr Maximum hat, folglich sind solche Strukturen für Lagerstättenbildung wichtig, die im Stadium der Frühdiagenese bereits vorhanden sind. Frühe Ölfüllung verhindert auch Zementation der Speichergesteine durch zirkulierende Wässer, synchrone Erhebungen sind auch prädestiniert wegen des gröberen Sedimentmaterials, durch Riffmaterial und eventuell durch Klüfte orogenen Ursprungs.

Wegen dieser genannten Eigenschaften stehen diese Erhebungen für die Akkumulation von Öl unmittelbar nach seiner Bildung zur Verfügung und erlauben auch die nötigen Potentialgradienten, so daß sie den größten Teil des gebildeten Öls aufnehmen. Zahlreiche Beispiele aus aller Welt erhärten diese Darlegungen.

MEINHOLD

PICKHARDT, H. E. & L. M. HOLLEY

Sonic Log Proves Valuable Porosity Tool in Oklahoma and Kansas

„World Oil", Vol. 149 (1959), Nr. 4, S. 65—68 und 120

In Speichergesteinen von geringer Porosität (< 10%) oder hoher Ölsättigung sowie bei Verwendung von Ölspülung ist eine quantitative Porositätsbestimmung aus den im Bohrloch durchgeführten elektrischen Widerstandsmessungen erschwert oder überhaupt unmöglich. Akustische Bohrlochmessungen, bei denen die Laufzeit eines Ultraschallimpulses zwischen zwei Empfängern konstanter Entfernung (1 oder

3 Fuß wahlweise) gemessen und in Form einer Kurve fortlaufend registriert wird, gestatten dagegen eine einwandfreie Porositätsbestimmung in fast allen Fällen. Störungen treten nur an solchen Stellen auf, wo sich der Bohrlochdurchmesser ändert; unbedingte Voraussetzung ist auch, daß das Bohrloch überhaupt mit Flüssigkeit gefüllt ist.

Zwischen der Porosität und dem Meßwert besteht eine lineare Beziehung, so daß die Porosität direkt aus der in Porositätsprozenten geeichten Kurve abgelesen werden kann. Das Verfahren liefert sehr genaue Werte.

Neben dieser Anwendung ist die Kurve auch ausgezeichnet zur Korrelation verwendbar, in vielen Fällen ist die genaue Lokalisierung von Schichtgrenzen und ihre Weiterverfolgung in anderen Bohrungen nur mit ihrer Hilfe möglich. Die integrierte Laufzeitkurve schließlich dient als Grundlage für die Auswertung seismischer Vermessungen.

Infolge ihrer geschilderten Vorzüge, die durch Beispiele illustriert sind, ist die akustische Bohrlochmessung aus der Bearbeitung der Bohrungen in Kansas und Oklahoma nicht mehr wegzudenken. K. LEHNERT

STEGENA, L.

Zur Frage der horizontalen und vertikalen Migration

Zusammenfassung der Referate der II. Wissenschaftlichen Konferenz Kraków 1959, S. 17

Der Vortrag befaßte sich teils auf Grund der neuesten Ergebnisse sowjetischer und tschechoslowakischer Forscher, teils auf Grund der in Ungarn durchgeführten Messungen mit der Frage, in welchem Ausmaße eine vertikale Migration in den erdölhaltigen Gebieten Ungarns stattgefunden hat, und in welchem Ausmaß sie durch die in den Deckschichten auftretende horizontale Migration überdeckt wird. E.

ROBERTS, G., Jr. & SC. W. WALKER

Fluid Injection for Increased Oil Recovery

V. Welterdölkongreß, New York 1959, Section II — Paper 20

In Abhängigkeit von den physikalischen Eigenschaften des zu fördernden Erdöls und der petrophysikalischen Beschaffenheit des Speichers bleibt nach dem Leerfördern einer Lagerstätte mit normalen Fördermethoden ein erheblicher Prozentsatz des Erdöls im Speichergestein zurück. Im Durchschnitt kann nur etwa ein Drittel des Erdöls der in den USA bekannten und in Zukunft zu erwartenden Lagerstätten mit primären Methoden gefördert werden. Eine wesentliche Erhöhung des Ausbeutungsgrades kann durch die Anwendung der verschiedenartigsten Sekundärverfahren erreicht werden.

In den nächsten 50 Jahren soll der Anteil der durch diese Verfahren erzielten Ausbeute an der Gesamtförderung auf ca. 50% gesteigert werden. Welche verschiedenen Sekundärmethoden, von denen die grundsätzlichen kurz charakterisiert werden, jeweils zur Anwendung kommen, ist abhängig von der Dichte des Öls und der Speicherbeschaffenheit. Mitunter ist die Anwendung mehrerer Methoden möglich, so daß die Auswahl nach wirtschaftlichen Gesichtspunkten erfolgt.

Die große Bedeutung, die dem Sektor der Sekundärverfahren bei der Erdölgewinnung in Zukunft in den USA zugesprochen wird, wird durch mehrere graphische Darstellungen und Tabellen veranschaulicht. KNAPE

GRANIER, A.

Les problèmes d'injection d'eau dans un gisement de la S. C. P.

Revue de l'Inst. Franç. du Pétrole, Bd. XIV, H. 7/8 (1959), S. 964—972, 9 Abb.

Die behandelte Lagerstätte liegt in Marokko, östlich Rabat. Es ist eine Fangstruktur an einer Verwerfung, der Speicher ist eine durchgehend kalkige, brekziöse Arkose von 120 m Mächtigkeit, davon sind 47% produktiv. Die Porosität ist 20%, die Permeabilität 3 md, Wassersättigung 30%. Aus dem linearen Druckabfall war zu errechnen, daß vom Lagerstättenvorrat nur 6 bis 7% gewinnbar waren. Es wurde deshalb repressuring beschlossen. Eine Injektionsbohrung wurde gebohrt, die bei 190 atü Kopfdruck kaum 560 cbm in 18 Stunden aufnahm. Aus der Druckabfallkurve ermittelte man eine Permeabilität von 0,2 md. Nachdem eine genaue Druckbeobachtung im ganzen Feld durchgeführt worden war, wurde eine neue Bohrung angesetzt, die mit gefiltertem Wasser beschickt wurde. Die Aufnahmefähigkeit fiel bereits in 3 Wochen auf die Hälfte, schwerere Pumpen wurden eingesetzt, aber auch das war nicht von anhaltendem Erfolg begleitet. Messungen zeigten, daß die Permeabilität stark abgefallen war (auf 0,75 md). Die Sonde wurde gereinigt, und es wurde festgestellt, daß die Verstopfungen auf Schwefeleisen beruhten, das im Wasser nicht vorhanden war, und nur auf die Tätigkeit von Bakterien wie *Desulfovibrio desulfuricans* zurückgehen konnten.

Die Zugabe von Fludex (einem Derivat von Polyamin-Fettsäuren, neutralisiert, oberflächenaktiv) hatte auch keinen Erfolg. Augenblicklich führt man weitere Versuche mit Bakteriziden durch, nachdem die Sonde mit Salzsäure kräftig gereinigt worden ist. MEINHOLD

CHISM, H. R., W. SCOTT & R. A. KARAS

Rapid and Accurate Analysis of Hydrocarbons in Well Site Drilling Mud

„World Oil", Juni 1959, Vol. 148, Nr. 7, S. 138—140, 5 Abb.

Es werden die bekannten Nachteile der früheren Methoden beschrieben. Auch die modernere Analyse mit Ultrarotspektroskopie hat Nachteile, weil für jede Komponente ein Analysator eingebaut werden muß, sie hat geringere Empfindlichkeit und hohe Kosten. Die Massenspektroskopie ist empfindlicher und gestattet auch bessere Trennung, sie ist aber noch teuerer und erfordert geschultes Personal und eine anspruchsvolle Stromversorgung. Die Gaschromatographie konnte keine kontinuierlichen Analysen erzeugen. Das Problem besteht also darin, einen Chromatographen zu entwickeln, der Messungen schnell hintereinander durchzuführen gestattet. Der Apparat arbeitet mit dosierter und vorgeheizter Luft als Trägergas und besteht aus 2 getrennten Geräten, die vom gleichen Bodengasstrom durchströmt werden. Der erste Teil enthält 3 Chromatographensäulen, die von einem durch Motor angetriebenen, rotierenden Mehrwegehahn gespeist werden, der drei Minuten für einen Umlauf braucht. Während dieser Zeit wird jede Säule hintereinander einmal gespeist und ausgewaschen, und es kann nur Methan und Wasserstoff analysiert werden. Der Rest wird entfernt.

Die Anzeige geschieht durch katalytische Verbrennung, nur die Spitzenwerte dienen zum Schreiben der Kurve. Das zweite Gerät hat nur eine Säule, die von Hand bedient wird und eine Vollanalyse aufzunehmen gestattet. Es kann auch automatisch mit dem ersten Chromatographen so gekoppelt werden, daß es sich bei Überschreiten eines gewissen Methanwertes einschaltet und eine Analyse schreibt.

Eine C_1- bis C_4-Analyse dauert dabei 2 Minuten.

MEINHOLD

RUMMERT, H. J.

Die Zwangsbeschränkung der Öleinfuhr in den Vereinigten Staaten von Amerika

„Glückauf", Jg. 95, (1959), H. 19, S. 1212—1216

Der Verfasser beschreibt die Vorgeschichte der Einschränkung der Erdölimporte und behandelt die Auswirkungen dieser Zwangsbeschränkung. Besonders bemerkenswert ist an seinem Beitrag, daß er eine Übersetzung der Verordnung des Präsidenten der Vereinigten Staaten von Amerika bringt. Der offizielle Titel dieser lesenswerten Verordnung lautet: The Federal Register, Washington, Band 24, 12. Mai 1959, Verordnung 3279. E.

KLEIN, H.

Palynologisch-stratigraphische Untersuchungen in den Grenzflözen der Mittleren und Oberen Essener Schichten (Westfal B) im mittleren Ruhrgebiet im Bereich der Emscher Mulde

Forschungsberichte des Landes Nordrhein-Westfalen, Nr. 755. 77 S., 18 Abb., 4 Taf., Westdeutscher Verlag, Köln und Opladen 1959

In der vorliegenden Arbeit wird zum ersten Mal der Sporeninhalt der Gaskohlenschichten des Ruhrgebietes eingehend untersucht. Der Verf. konnte in den Profilen aus 4 Zechen der Emscher Mulde etwa 140 Sporenformen feststellen, davon 8 neu beschreiben.

Der Hauptteil der Arbeit beschäftigt sich mit der sporenanalytischen Feinstratigraphie und Flözparallelisierung in einem engbegrenzten Gebiet auf Grund folgender Methoden:

1. Durch die Unterscheidung von Rhythmen des Auftretens verschiedener Pollenvergesellschaftungen.

2. An Hand von Überrepräsentation sonst seltener Formen.
3. Durch Berücksichtigung von für offene Moore typischen Sporenvergesellschaftungen, die über größere horizontale Entfernungen aushalten.

Durch diese Methoden konnten die einzelnen Flöze weitgehend parallelisiert werden und zwei durch besondere Sporenvergesellschaftungen charakterisierte Leitflöze herausgearbeitet werden. Die Leitflöze schließen stets zwei weitere Flöze ein, zwischen denen die Grenze der Mittleren und Oberen Essener Schichten anzunehmen ist, und dienen so indirekt zur Feststellung dieses wichtigen Horizontes.

Anhangsweise wird auf Beziehungen zwischen Sporeninhalt und Petrographie und Kohlenentstehung eingegangen. Die in meta-tenuiduritreichen Flözteilen überwiegenden Gattungen *Densosporites* und *Zonalesporites* und in meta-crassiduritreichen Teilen vorherrschenden Gattungen *Anulatisporites* und *Zonalesporites* weisen auf eine Entstehung in Mooren mit offenen Wasserflächen hin, während vitritclaritreiche Partien auf Grund des Sporeninhaltes in Bruchwaldmooren entstanden sind.

Die stratigraphischen Ergebnisse sind in zahlreichen übersichtlichen Tabellen anschaulich zusammengefaßt, während die Abbildungen der Sporenformen leider in weniger gutem Druck vorliegen, so daß ihre Identifizierung oft sehr schwierig ist.

Die Arbeit zeigt deutlich, welche Bedeutung heute der Sporenpaläontologie im Rahmen der praktischen Geologie zukommt und daß sie ein wertvolles Hilfsmittel für die Stratigraphie und Flözidentifizierung auch dort sein kann, wo andere Methoden versagen.

F. Schaarschmidt

Meyer, H.

Verwertung und Aufbereitung lignitischer Braunkohle

„Braunkohle“, Nr. 4, 1959, S. 135—143

In der Aufbereitung von Weichbraunkohlen unterscheidet man zwischen erdiger Braunkohle und lignitischer Kohle. Das unterschiedliche Verhalten wird physikalisch durch die abweichende Kohäsions- und Abriebfestigkeit und ihr größeres oder geringeres Wasseraufnahme- und Quellvermögen bedingt. Für lignitische Kohle ist die Feuchtigkeitszunahme bei völliger Benetzung von der Größe der äußeren und inneren Oberfläche abhängig. Im Gegensatz zum Lignit kommt es bei den meisten erdigen Braunkohlen wie bei hydrophilen Kolloiden auch zur echten, in die Substanz eingehenden Wasseraufnahme unter Quellung, Volumen, und Gewichtsvergrößerung.

Reine Kohlenarten der Ville und Lausitz mit 0,3 bis 4% Aschengehalt enthalten im wesentlichen nur die sog. „innere Asche“ der pflanzlichen Ausgangssubstanz. Der makroskopisch nicht mehr unterscheidbare Aschengehalt der Lignitsubstanz von etwa 6—14% ist überwiegend auf zur Entstehungszeit von außen eingetragene Verunreinigungen zurückzuführen. Durch ihre feine Verteilung sind syngenetische Verunreinigungen durch mechanische Aufbereitungsprozesse nicht zu erfassen. Die in die Förderkohle gelangenden Zwischenmittel und Nebengesteine liegen in grober, aufgeschlossener oder verwachsener Form vor. Im wesentlichen beschränkt sich der Aufbereitungserfolg auf Beseitigung von Reinbergen aus Mitteln und Nebengestein. Die übrigen Aschenträger sind bei größerer Verwachsung nicht zu entfernen.

Die Nutzung unreiner Kohle außer zur Krafterzeugung bzw. zur Schwelung gewinnt in Deutschland wegen des unvermeidlichen Überganges von besseren zu schlechteren Lagerstätten und der prinzipiellen Frage, oberflächennahe schlechtere Kohle aufzubereiten oder bessere aus größeren Teufen zu fördern, an Bedeutung.

Dressel

Bernazeaud, J.

Premières données sur le gisement d'uranium de Mounana

La Chronique des Mines D'Outre-Mer et de la Recherche Minière 1959, Seite 311—314

Seit 1946 sucht das Kommissariat für die Atomenergie in AEF (Französisch Äquatorial-Afrika) nach radioaktiven Vorkommen. Im Dezember 1956 wurde in der Westecke des sedimentären Francesviller Beckens, in dem in einer Synklinale präkambrische Schichten auftreten, die Lagerstätte von Mounana entdeckt. Sie liegt in der Ogooué-Provinz, 91 km von der Autostraße Francesville nach Lastourville. Das Erz tritt in Sandsteinen, die teils grobkörnig, teils konglomeratisch sind, in Rissen, Spalten oder im Zement um die Quarzkörner herum auf. Es ist auf 150 m Länge, 20 m Mächtigkeit und 140 m Teufe nachgewiesen.

Die Vererzung besteht vorwiegend aus Francesvillit und schwarzen Oxyden. Francesvillit ist ein neues Mineral von gelblicher Farbe, das dem Tujamunit und dem Carnotit verwandt ist. Es wird in den verwitterten Sandsteinen von der Oberfläche bis zu 40 m Teufe gefunden. Unterhalb 40 m Teufe tritt eine Gruppe mineralogisch schwer zu definierender radioaktiver schwarzer Oxyde auf. Neben den beiden Hauptmineralien finden sich gelegentlich Ferghanit, Autunit, Carnotit, Chalcolit, Bassetit, Uranapilit, Pechblende, Vanadinit, Corvusit, Melanovanadit und Roscoelith. Akzessorische Mineralien sind Pyrit, Bleiglanz, Kupferkies, Blende, Bornit, Wulfenit, Baryt und Calzit. Die chemische Formel des Francesvillit ist:

$$(Ba-Pb)\,O,\; 2\,UO_3,\; V_2\,O_5,\; 5\,H_2O$$

E.

Is Fracturing a Key to Nuclear-Waste Disposal?

„Petroleum Week“, Juli 31, 1959, S. 27

Die heikle Frage, wie man die anwachsende Menge der gefährlichen Abfälle bei der Gewinnung von Kernenergie wegbringt, wird immer kritischer. Verschiedentlich wurde schon davon gesprochen, solche Abfälle ins Meer zu schütten. Die Methode, dieses Material in großen Behältern zu vergraben, ist offensichtlich begrenzt. Daher sucht die amerikanische Regierung nach einem praktischeren, weniger kostspieligen Weg. Die in der Erdölindustrie angewandte Technik des Formationsbrechens (Frac), um aus dichten Horizonten mehr Öl zu gewinnen, könnte eine Möglichkeit bieten.

Vertreter der Atom-Energie-Kommission und anderer Regierungsstellen nahmen daher kürzlich an einem Frac-Versuch der Continental Oil Co. im Sacatosa-Feld, Maverick county, SW-Texas, teil.

Es handelt sich um den San-Miguel-Horizont, der 22 ft. mächtig und sehr dicht ist und aus dem die Förderrate durch Frac erhöht werden soll. Der Versuchsverlauf zeigte den Regierungsgästen, daß die Möglichkeit besteht, durch Formationsbrechen Kernabfälle unterzubringen. Bei dem unter Druck erfolgten Aufbrechen der Formation wurden große Mengen Frac-Flüssigkeit und Sand von der Schicht aufgenommen. Weitere Versuche werden beweisen müssen, ob das Formationsbrechen das Kernabfallproblem lösen kann.

Pchalek

Tscheglow, A. D.

Die Besonderheiten des Vorkommens von Erzlagerstätten in West-Transbaikalien

„Geologie der Erzlagerstätten“, Moskau, Jg. 1 (1959), H. 4, S. 17—36 (russisch)

Im vorliegenden Artikel wird eine regionalgeologische Gliederung des bekannten und durch seinen Erzreichtum für die Volkswirtschaft der UdSSR wesentlichen Gebietes von West-Transbaikalien gegeben.

Man unterscheidet in West-Transbaikalien kaledonische und variskische Faltenzonen, die durch unterschiedlichen geologischen Bau und metallogenetische Besonderheiten charakterisiert werden. Danach wird die kaledonische Faltungszone durch Eisenerze ausgezeichnet, während polymetallische und Gold-Vererzungen nur eine untergeordnete Bedeutung erlangen.

Die daran anschließenden variskischen Faltungsgebiete gaben Anlaß zur Entstehung zahlreicher, verschiedenaltriger Lagerstätten von Sn, W, Mo, Au, Sb und Hg, die in unterschiedlicher tektonomagmatischer Umgebung gebildet wurden.

Der metallogenetische Unterschied zwischen den kaledonischen und den variskischen Faltengebieten wird vor allen Dingen durch die Besonderheiten der Sedimentation und Magmatisation der Strukturen bedingt, die durch die Existenz unterschiedlicher Faltungstypen dargestellt werden.

Als eine der Besonderheiten der Mo-, W- und Fluoritlagerstätten, die mit der Entwicklung variskischer Faltungsgebiete auftreten, erscheint ihre teilweise Lokalisation an den Grenzen der kaledonischen Faltungszonen, wo diese Lagerstätten am kaledonischen Fundament gewöhnlich lineare Erzfelder bilden, die von gewaltigen Störungen und oberflächennah tektonisch stark gestörten Intrusiva kontrolliert werden.

H. S.

KOROLEW, A. W. & S. T. BATALOW

Über die primäre Zonalität der Vererzungen im Erzfeld von Almalyk (Usbekistan)

„Geologie der Erzlagerstätten", Jg. 1 (1959), H. 5, S. 31–39 (russisch)

Das Erzfeld von Almalyk besteht im Unterschied zu den benachbarten Erzfeldern (Karamagar) aus Lagerstätten unterschiedlicher genetischer Typen, z. B.: Cu-Molybdänglanz mit Gold, Blei-Zink, Golderzen und seltenen Metallen. Aus diesem Grunde ist das Vorhandensein einer primären Zonalität der Vererzung für die praktischen Arbeiten auf der Lagerstätte von großer Bedeutung.

Die Vererzung selbst ist an Granodiorit-Porphyre gebunden, die von Monzoniten nochmals durchschlagen werden. Die konzentrische Lage der Vererzung zu den Eruptivgesteinen ist nicht sehr gut ausgebildet. Die Zonalität wird im wesentlichen durch tektonische Brüche, durch die gesetzmäßige Veränderung der aufsteigenden Erzlösungen, aber auch durch die unterschiedliche stoffliche Zusammensetzung des Nebengesteins bedingt. Diese wichtigsten Faktoren bewirken eine Veränderung der Vererzung der Lagerstätte, sowohl in horizontaler als auch in vertikaler Richtung.

Im allgemeinen wird die primäre Zonalität der Vererzung auf der Lagerstätte von Almalyk durch das Zusammenwirken mehrerer Faktoren erklärt.

Die Vererzung der Lagerstätte begann mit der Abscheidung von Magnetit, Molybdänglanz, Pyrit und Kupferkies und wurde mit der Bildung von Bleiglanz, Zinkblende und Zeolithen abgeschlossen. Eisen bildet in Karbonatgesteinen größere Magnetit-Linsen. Eine ähnliche Verteilung besitzen die Blei-Zink-Erze, die entweder in Skarnen eingesprengt sind oder aber in den Karbonatgesteinen größere Reicherzpartien bilden. Kupfer, Gold und Molybdän dagegen bevorzugen mehr die unteren, kontaktnäheren Teile derLagerstätte.

Die Kenntnis dieser Gesetzmäßigkeiten der Metallverteilung ist von ausschlaggebender Bedeutung für die gesamten Prospektions-, Erkundungs- und Gewinnungsarbeiten auf der Lagerstätte Almalyk und im benachbarten Gebiet. H. S.

ESIKOW, A. D., G. S. BESTSCHASTNOWA & G. N. JAKOWLEW

Die Bestimmung von Strontium in Mineralien und Gesteinen mit der Flammenphotometrie

„Isw. Akad. Nauk SSSR", Serie Geologie, 1959, H. 12, S. 69–76

Im Artikel wird eine schnelle und genaue Methode der Bestimmung von Strontium in Mineralien und Gesteinen mit Hilfe der Flammenphotometrie beschrieben. Zunächst erläutern die Autoren die Apparatur, die zur Bestimmung notwendig ist, und schildern anschließend die chemische Vorbereitung der Proben. Zur Bestimmung kleiner Strontiummengen wurde radioaktives Sr^{89} für die Kontrolle des Verlustes von Strontium bei der chemischen Vorbereitung der Proben zur Analyse verwendet. Für die Bestimmung von Proben, deren Sr-Gehalte höher als 0,1% sind, kann der radioaktive Indikator nicht verwendet werden. Um den Einfluß wechselnder Mengen von Ca in den Lösungen auszuschalten, wird der zu untersuchenden Lösung und Standardlösung NaCl zugefügt (3 g Na/Liter). Die Genauigkeit der Methode bei der Bestimmung von Sr-Gehalten bis 0,01% beträgt 5–6%. Zur Erhöhung der Genauigkeit der Messung der zu untersuchenden Lösung kann man auch zwei Standardlösungen herstellen, die einmal eine niedrigere Konzentration und einmal eine höhere Konzentration als die untersuchte Lösung haben.

Das Spektrum des Strontiums wird mit einer Sauerstoffflamme hervorgerufen. Die Messung erfolgt nach der Sr-Linie 4607.3 Å. BY.

KNEBEL, E. D.

Zusammenfassender Bericht über Versuche mit Basalt

„Silikattechnik", 10. Jg. (1959), H. 11, S. 538–539

Auf Grund einer Vereinbarung zwischen Vertretern der Tschechoslowakischen Republik und der Deutschen Demokratischen Republik übernimmt die ČSR die Herstellung von Gußbasalt und die DDR die Untersuchung von Sinterbasalt. Nach Voruntersuchungen an Basalten[1]) aus der Rhön und der Oberlausitz verwendet man für weitere Versuche den Feldspatbasalt von Umpfen (Basaltwerk Fischbach, Rhön), dessen Grundmasse vorwiegend aus z. T. strahlenförmig angeordneten Leisten aus Plagioklas besteht mit vereinzelten, unter dem Mikroskop noch recht frischen Olivin- und Augiteinsprenglingen.

Er hat folgende chemische Zusammensetzung:

	%		%
SiO_2	47,17	Na_2O	2,78
TiO_2	2,56	K_2O	1,27
Al_2O_3	14,52	H_2O + [a])	1,73
Fe_2O_3	3,87	H_2O –	0,67
FeO	6,32	P_2O_5	Spuren
MnO	0,13	CO_2	0,19
MgO	10,01	SO_3	Spuren
CaO	9,41		100,63

a) Glühverlust nach Abzug von CO_2.

Untersuchungen mit dem Erhitzungsmikroskop ergaben eine optimale Sintertemperatur zwischen 1150 und 1180° und eine Sinterzeit von 30 Stunden.

Zur Zeit bereitet aber die großtechnische Herstellung des Sinterbasaltes noch Schwierigkeiten, bedingt durch das geringe Intervall (etwa 15 Grad) zwischen Sinterung und Schmelzen und dem jetzigen Stand der Regelungstechnik. Z.

[1]) Siehe auch: Verwendung von Schmelzbasalt in der Industrie. In: „Bergbautechnik", 9. Jg. (1959), Nr. 11, S. 610–611

JANÁCEK, J.

Eine neue Salzlagerstätte in der Ostslowakei

Geologické Práce, Zprávy, 14, 1958

Untersuchungen von V. HOMOLA (1953) bewiesen, daß in den rumänischen Salzlagerstätten und in denen der Karpatenukraine sowie im Gebiet der nördlichen Ausläufer der Tisa-Ebene die Existenz einer jüngeren tortonischen Salzformation sehr wahrscheinlich ist.

Untersuchungen auf Erdöl-Erdgas im östlichen Prešover Becken, die 1952 aufgenommen wurden, lassen die Existenz des Burdigals in diesem Raume sehr fraglich erscheinen. Auch die Verbreitung und Entwicklung des Helvets in den inneren Teilen des Beckens sind unbekannt.

Solquellen im östlichen Becken gaben Anlaß zu verschiedenen Tiefbohrungen. Bei der Ortschaft Albinov, nördlich von Sečovce, wurden im Liegenden des hier 80 m mächtigen bunten Untersarmats bis zu einer Teufe von 1900 m brackisches Obertorton, bis zu 2200 m mittleres marines Obertorton (mergelige Tone und Schiefertone mit Buliminen und Bolivinen, im basalen Teil ist diese Folge fossilarm), von 2430 m bis 2490 m starke Salzführung (fossilfrei) nachgewiesen, ohne daß die Basis dieser Schichten erreicht wurde.

Nähere Informationen über dieses Salinar brachten Bohrungen am östlichen Beckenrand und auf der Nordostflanke des Zempliner Paläozoikums. In den (zwar in der Mächtigkeit reduzierten) Profilen der Bohrungen von Lesné wurden folgende Verhältnisse sichtbar:

mittlere Zone des marinen Obertortons mit Bolivinen und Buliminen:	pelitisch (graue, feinsandige mergelige Tone und Schiefertone im Liegenden mit zahlreichen Gipseinlagerungen (Anhydrit ?-Rr.) in einer 45 m mächtigen Partie, fossilfrei)
untere Zone des marinen Obertortons:	höhere Lagen wie zuvor, liegende Schichten transgressiv, sandig bis stärker sandig, fossilfrei
Liegendes (Basaler Teil des Obertortons, Helvet?):	detritisch (kalkig-tuffitische Sandsteine, Mergel und Schiefertone, Konglomerate (?),500 m mächtig).

Über den Lagerstättentyp von Albinov ist bisher nur so viel bekannt, daß es sich um keinen intensiv gefalteten Salzstock handelt, sondern vermutlich um eine dislozierte und durch starke Spezialfaltung ausgezeichnete Schichtlagerstätte. Der Lagerhorizont wird von klastischem Material gebildet, in dessen Zwischenräumen Steinsalz auftritt, das stellenweise jedoch auch in mächtigen (dann häufig mergelige Toneinlagerungen führenden) Lagern auftritt.

REUSSNER

RODE, A. A.

Das Wasser im Boden

Neubearbeitete Ausgabe in deutscher Sprache von Prof. MAX TRÉNEL, Akademie-Verlag, Berlin 1959

Das vorliegende Werk stellt in der Übersetzung aus dem Russischen eine gekürzte neubearbeitete Auflage in deutscher Sprache dar. Die Erkenntnisse, die die Wissenschaftler der Sowjetunion und anderer Länder durch Versuche im Labor und vor allen Dingen in der Natur gesammelt haben, sind in diesem Buch zusammengefaßt und ausgewertet. Hieraus ergibt sich, daß für die verschiedenen Aggregatzustände und Erscheinungsformen des Wassers im Boden bestimmte Gesetzmäßigkeiten erkannt werden konnten. Die neuesten Ergebnisse sind vom Verfasser in Formeln und Tabellen zusammengefaßt und werden zum Teil durch praktische Rechenbeispiele weitgehend erläutert. Obwohl durch die Zusammenstellung der Ergebnisse aus verschiedenen Quellen unterschiedliche Normen hinsichtlich Korngrößen und deren Gemischen verwandt wurden, lassen sich für den Praktiker (eventuell durch Umrechnung auf in der DDR gültige Normen) wichtige Rückschlüsse auf die physikalischen Eigenschaften der einzelnen Bodenarten ziehen.

Für den Hydrologen erscheint von Wichtigkeit der Abschnitt VI über „Das freie Gravitationswasser", in dem u. a. auch graphische Darstellungen über die Abhängigkeit der Versickerungsgeschwindigkeit vom Wassergehalt sowie über Fließgeschwindigkeiten des Wassers für die verschiedenen Kornfraktionen enthalten sind.

Besondere Beachtung verdienen aber auch die Wechselbeziehungen zwischen dem Bodenwasser und dem Wasserhaushalt der einzelnen Kultur- und Nutzpflanzen unter besonderer Berücksichtigung der verschiedenen klimatischen Verhältnisse sowie deren praktische Nutzanwendung in der Land- und Forstwirtschaft.

Neben den bisher üblichen Klassifikationen der Bodenwasserformen stellt RODE seine neuen Klassifikationsvorschläge zur Diskussion, in denen er zunächst fünf Hauptformen an „Bodenwasser" unterscheidet, und zwar:

I. Kristallwasser
II. Festes Wasser (Eis)
III. Dampfförmiges Wasser
IV. Festgebundes Wasser
V. Labilgebundes Wasser

Diese Hauptformen werden von RODE noch in Gruppen und Untergruppen unterteilt.

Neben 110 Tabellen sowie 108 Abbildungen und graphischen Darstellungen enthält das Werk eine Zusammenfassung der uns zum Teil noch schwer zugänglichen sowjetischen und internationalen Literatur. Da dieses Werk auf viele Fragen der Wasserführung im Boden eingeht, kann es als gutes Nachschlagwerk für Hydrologen, Bodenkundler, aber auch für Ingenieur-Geologen empfohlen werden.

D. HENKEL

VRBA, J.

Grundwasserschutz

„Vodní hospodářstvi", Prag 1959, H. 6, S. 255–256

Der Schutz von Oberflächengrundwasser mit geringem Umlauf wird infolge der wachsenden industriellen Verunreinigung des Oberflächenwassers immer schwieriger. Da zur Deckung des Trinkwasserbedarfs das flachliegende Grundwasser mit herangezogen werden muß, ist die wichtigste hydrogeologische und wasserwirtschaftliche Forderung die Verhinderung einer weiteren Güteverschlechterung des Oberflächenwassers. Die Regierung der ČSR kontrolliert daher die Errichtung und den Betrieb von Abwasserreinigungsanlagen und hat Sanktionen gegen Betriebe, die den Wasserhaushalt durch Verschmutzungen schädigen, festgelegt. Z.

BERGMANN, E.

Über die Verwendung von Diamantbohrkronen im Tiefbohrbetrieb

„Forschungen und Fortschritte", Jg. 33 (1959), S. 353–355

Die bisher hergestellten synthetischen Diamanten eignen sich nicht für spezifisch hohe Andrücke. Die heutigen Verfahren ermöglichen das Einsintern kleiner Diamanten. Nach der Härte und Griffigkeit ergibt sich folgende Skala:

härteste Diamanten — Brasilien
sehr harte Diamanten — Süd- und Westafrika
harte Diamanten — Kongogebiet

Bei Bohrteufen über 1000 m ist es empfehlenswert, nur Kronen mit völlig gesunden Steinen zu verwenden. Die von der Diamantwerkzeugfabrik Hamburg hergestellte Krone ist mit etwa 460 Karat in der Größenordnung von etwa $^1/_4$ Karat je Diamant besetzt. Für das Turbinenbohren werden Kongorounds in der Größenordnung von etwa 6–18 Diamanten je Karat empfohlen, beim Rotarybohren dagegen 1–8 Diamanten je Karat. Von dem Turbinenbohren mit Diamantkronen erwartet der Autor eine Entwicklung von großer wirtschaftlicher Bedeutung. Er gibt wertvolle Hinweise über die Verwendung bestimmter Diamantgrößen und -qualitäten für die Durchbohrung verschiedenartiger Gesteinstypen. E.

GUMUŁCZYŃSKI, J. & ST. GIERLASZYŃSKA

Zur Zementierung von Bohrlöchern in Steinsalzlagern geeignete Zementmischungen

Zusammenfassung der Referate der II. Wissenschaftlichen Konferenz Kraków, 1959, S. 31–32

Die Versuche wurden mit folgender Zielsetzung durchgeführt:

1. sollte eine Zementierung erhalten werden, die in Salzlagern gut bindet,
2. sollte der Beginn der Zementbindung erst nach genügend langer Zeit eintreten und
3. sollte die Verbindung zwischen dem gebundenen Zement und den Salzschichten genügend fest sein.

Es wurde festgestellt, daß zur Zementierung von Salzlagern eine mit 20–25%iger Kochsalzlösung hergestellte Zementmischung geeignet ist. Die Bindungskräfte des Zementes mit den Salzlagern sowie seine mechanischen Eigenschaften sind in diesem Falle genügend.

Die Bindezeit des mit Kochsalzlösung angemachten Zementes ist bei 75° C zu kurz. Deswegen wurde eine Reihe von Mitteln erprobt, die die Zementbindung hinauszögerten. Am günstigsten erwiesen sich Borsäure und Thylose, welche in einer Menge von 0,3–0,4% (im Gewichtsverhältnis zum Zement) die Bindezeit um 2–3 Stunden verlängern. Die mechanischen Eigenschaften des Zementes wiesen bei Verwendung der angegebenen chemischen Zusätze nur geringfügige Veränderungen auf. E.

DORSTEWITZ, G., C. H. FRITZSCHE & H. PRAUSE

Zur Einteilung und Bezeichnung der Abbauverfahren

„Glückauf", Jg. 95 (1959), S. 1245–1251

Die Verfasser legen in dem Aufsatz das Ergebnis der Beratungen über die Einteilung und einheitliche Bezeichnung der Verfahren, nach denen der Abbau von Lagerstätten planmäßig durchgeführt wird, als Gemeinschaftsarbeit zwischen Hochschule und Betrieb vor. Unter Erläuterung einer Reihe bergmännischer Grundbegriffe wird eine Grundeinteilung der Abbauverfahren nach „Bauweise" und „Dachbehandlung" als Unterscheidungsmerkmal erster Ordnung vorgenommen. Hierbei wird als Ergebnis eine Einteilung der Abbauverfahren nach langfrontartiger, stoßartiger, pfeilerartiger, kammerartiger und blockartiger Bauweise und hinsichtlich der Dachbehandlung nach Festenbau, Versatzbau und Bruchbau gefunden.

Eine weitergehende Unterteilung der vielen Spielarten kann nach Unterscheidungsmerkmalen zweiter und dritter Ordnung geschehen. Als Kennzeichen zweiter Ordnung kommen Verhiebart und Verhiebrichtung, als Unterscheidungsmerkmale dritter Ordnung Abbauführung und Abbaurichtung in Betracht. Es werden Beispiele für die Einordnung der Abbauverfahren in das neue Schema und für ihre einheitliche Benennung angeführt. E. SIEGMUND

Neuerscheinungen und Literaturhinweise

KOBAJASSI, T.

Die Geologie Koreas und des angrenzenden chinesischen Territoriums

Isd-wo IL., 1960. 480 S.

Pronin, A. A.
Die wichtigsten tektonischen Strukturen des Urals und ihr Ursprung
Izw. Akad. nauk SSSR, Ser. geol., Jg. 24 (1959), Nr. 8, S. 67–76 (russisch)

Weigelt, H.
Grundlagen der praktischen Lagerstättenforschung
Techn. Mitt. Krupp 1, 1959, S. 3–20

Autorenkollektiv
Angewandte Geophysik (Sammelwerk von Artikeln des Wissenschaftlichen Unionsforschungsinstitutes für geophysikalische Schürfmethoden, 25. Folge)
Gostoptechisdat, Moskau 1960, 240 S.

Ells, G. D.
Silurian Rocks Have Oil and Gas Potential
„World Oil", Vol. 149 (1959), Nr. 4, S. 88–92

Overstreet, W. C., P. K. Theobald & J. W. Whitlow
Thorium and Uranium Resources in Monazite Placers of the Western Piedmont, North and South Carolina
„Min. Eng.", Jg. 11 (1959), Nr. 7, S. 709–714

Schippers, H. J.
Die bergwirtschaftliche Bedeutung der Lagerstättenvorräte an Blei und Zink im rheinischen Raum
„Erzmetall", Bd. 12 (1959), H. 6, S. 279–287

Kormilizyn, W. S. & A. A. Iwanowa
Genetische Eigenarten der Sulfid-Fluorit-Lagerstätte von Kalanguj (Osttransbaikalien)
Zap. vses. miner. Ob., Jg. 88 (1959), Nr. 4, S. 377–394 (russisch)

Dapples, E. C.
Basic Geology for Science and Engineering
New York 1959

Gillson, J. L.
Sandlagerstätten titanhaltiger Minerale
„Min. Eng.", Jg. 11 (1959), H. 4, S. 421–429

Alimarin, I. P. & G. N. Bilimowitsch
Die Bestimmung einiger seltener Elemente mittels der Methode der isotopen Verdünnung
Die Presse der Sowjetunion, 1959, Nr. 110, S. 2493

Nachrichten und Informationen

Erdöl/Erdgas

Europäisches Erdgasnetz

Die nachfolgende Karte wurde im „Gas- und Wasserfach" (Jg. 100, 1959, S. 949) veröffentlicht und stellt den Ausbau des europäischen Ferngasleitungsnetzes von etwa Mitte 1959 dar. Deutlich ist zu erkennen, wie sich das Fernleitungsnetz für Stadtgas um das Ruhrgebiet konzentriert und wie von Osten, Westen und Süden gegen dieses Netz, das Gas mit 4300 WE transportiert, Methan mit 8500–9000 WE vorwärts drängt. Die Dynamik des Erdgases ist beim gegenwärtigen Stand der technischen Entwicklung außerordentlich groß. Sobald es an einem Verbrauchsort greifbar ist, pflegt es auf dem Wärmesektor die bisherigen Brennstoffe, wie Kohle, Heizöl und Koks, in einem früher nicht gekannten Tempo zu verdrängen. Der Grund hierfür liegt in der Billigkeit, der idealen Verwendungsmöglichkeit und leichten Handhabung des Methans, das gegenüber dem weniger heizkräftigen Stadtgas noch den großen Vorteil besitzt, daß es ungiftig ist. E.

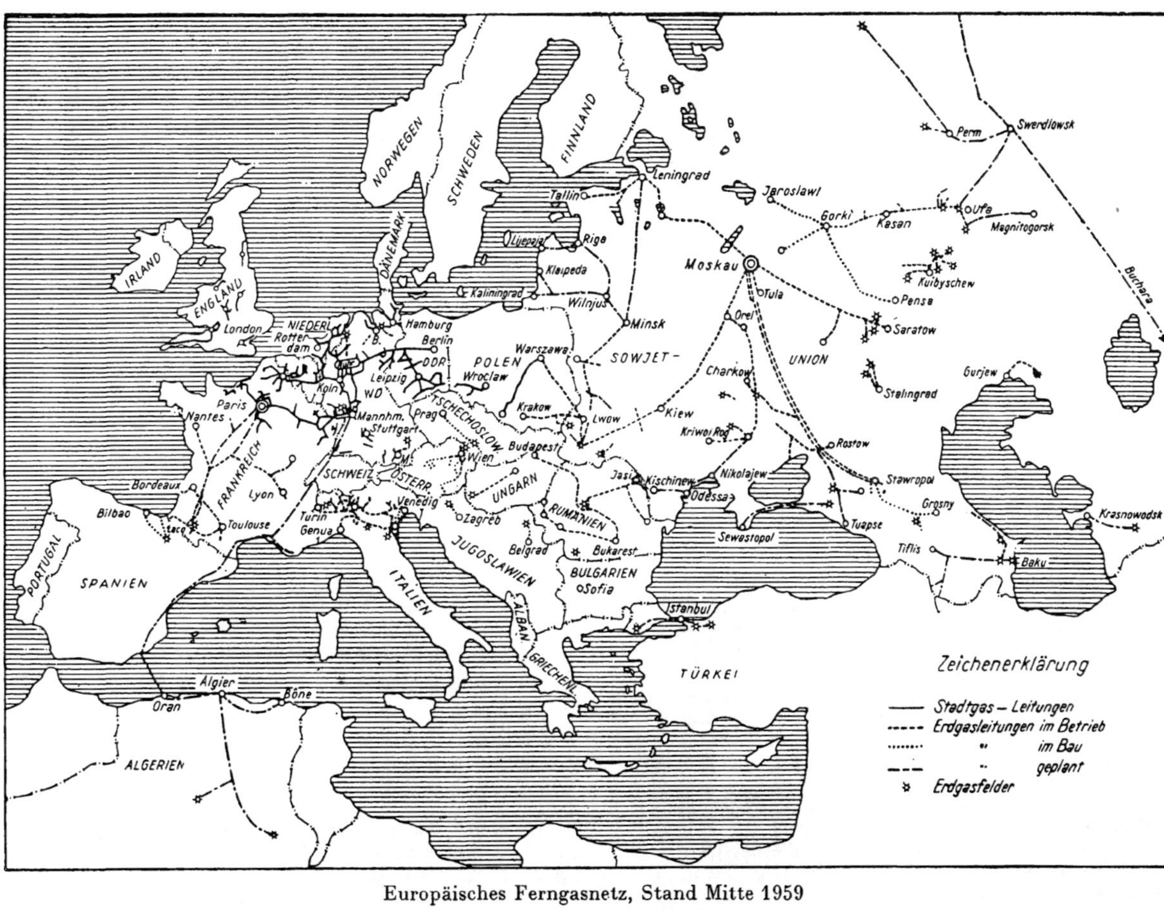

Europäisches Ferngasnetz, Stand Mitte 1959

Erdgas in Westdeutschland

Der Umschwung, der sich in Westdeutschland während der letzten Monate des Jahres 1959 in der Beurteilung des Erdgases vollzogen hat, geht aus einem kleinen Aufsatz, der im „Überblick" 127/128 vom 15. 1. 1960 erschienen ist, hervor:

„Die Menschheit verfügt über eine Energiequelle, die gerade uns Deutsche sehr interessieren sollte, weil sie auch unter dem Boden unserer Heimat verborgen liegt: das Erdgas. Im Augenblick weiß davon nur der Fachmann. Das kann sich rasch ändern.

Momentan beträgt der westdeutsche Verbrauch an Erdgas jährlich nur etwa 400 Milliarden m^3 für Wirtschaft und Haushaltungen. Nach den vorliegenden Plänen, die in zwei bis drei Jahren Wirklichkeit werden, steht zunächst eine Verdreifachung der heimischen Erdgasgewinnung und -verteilung bevor."

In Frankreich erwägt man bereits, von den vorhandenen 310 städtischen Gaswerken 260 stillzulegen. Die Umstellung der bisher verwendeten, auf Stadtgas eingestellten Geräte auf Methangas beträgt im Durchschnitt 80 bis 100,— DM je Gerät. Unter dem Druck der nahenden Erdgaswelle rechnet man in Westdeutschland „ganz nüchtern damit, daß die Verkokung der Kohle zu Gas schon in zehn, fünfzehn Jahren der Wirtschaftsgeschichte angehören wird, da bereits in vier, fünf Jahren ein Drittel des heutigen Gasverbrauches durch Erdgas gedeckt wird".

Ähnlich drückt sich die „Deutsche und Wirtschaftszeitung" vom 14. 12. 1959 unter der Überschrift: „Die Erdgaswelle rückt immer näher", aus:

„Auch auf deutschem Boden hat die bislang nur am Rande betriebene Erdgassuche der einheimischen Ölgesellschaften mit Macht eingesetzt. Im Weserbergland und in Schleswig-Holstein zum Beispiel sollen ungeahnte Schätze liegen, die jeweils an die Größenordnung von Lacq in Südfrankreich heranreichen. Auf ihre bisherigen Erfolge gestützt, haben die deutschen Ölgesellschaften bereits verbindlich zugesagt, ihren Erdgasverkauf aus deutschen Quellen, der 1959 etwa 400 Mill. m^3 betragen dürfte, in den nächsten zwei bis drei Jahren zu verdreifachen.

Rekrutieren sich die deutschen Erdgasverbraucher in den vergangenen Jahren im wesentlichen aus der chemischen Industrie als Käufer dieses Rohstoffes, so werden künftig auch die Verbraucher von dieser billigen Energiequelle profitieren können. Vereinzelte Beispiele dafür gibt es bereits, wie etwa Waldkreiburg am Inn mit seinen 8000 Einwohnern, die für bayerisches Erdgas die Hälfte des Wärmepreises zahlen müssen, der sonst für Stadtgas üblich ist. Rechnet man damit, daß in einigen Jahren, aus welchen Quellen auch immer, eine Erdgasmenge von jährlich 5 Mrd. m^3 auf dem deutschen Markt verfügbar ist, so wird verständlich, daß die öffentliche Gasversorgungswirtschaft der Bundesrepublik einen großen Umstellungsprozeß erwartet. Denn im Wärmewert entspricht diese Menge reichlich 10 Mrd. m^3 Stadtgas oder dem Dreieinhalbfachen des von allen 270 deutschen Ortsgaswerken 1958 produzierten, rund 3 Mrd. m^3 betragenden Gasverkaufs." E.

Erdgasversorgung in Quakenbrück

Die Stadtwerke in Quakenbrück gehen auf direkte Methangasversorgung über. Das Gaswerk wird stillgelegt. Das Erdgas wird innerhalb des Stadtgebietes gewonnen und zunächst durch Zuführen von Luft auf einen Heizwert von 5500—6000 kcal herabgesetzt. Es ist also auch in dieser Form dem Stadtgas, das nur 4300 kcal/m^3 abgibt, überlegen. E

Erdgas in SM-Öfen

Das Hüttenwerk „Saporoshstal", dessen SM-Öfen im Jahre 1959 erstmalig mit Erdgas gefahren wurden, hat einen neuen Unions- und Weltrekord aufgestellt. Jeder der 185-t-Typenöfen lieferte im vergangenen Jahr 227000 t Stahl. Im laufenden Jahr wollen die Hüttenwerker sogar mindestens 240000 t Stahl je Ofen erschmelzen. Dabei lag die 1959 erreichte Jahresleistung bereits um Zehntausende von Tonnen höher als in den USA. Es gelang, die längste bisher in „Saporoshstal" gefahrene Ofenreise zu erreichen, mehr als 650 Chargen zu fahren und dadurch große Mengen Stahl überplanmäßig zu erschmelzen. Die Ofenkollektive arbeiten mit der höchsten Temperatur, die der Ofen eben noch aushalten kann. Die relativ gleichmäßige Temperatur gewährleistet eine hohe Gewölbehaltbarkeit. E.

Gaspreise in Besançon

Die Stadt Besançon geht auf Methanversorgung über. Industrielle Großabnehmer zahlen für das Methangas einen Preis, der im Sommer um 50% und im Winter um 20—30% unter dem bisherigen Preis für Stadtgas liegt. Für die Haushalte wird das Gas je nach der Menge, die für Heizungszwecke verwendet wird, um 20—30% verbilligt, nachdem die Geräte auf Methangas umgestellt sind. Für diese Umstellung übernimmt die „Gaz de France" die Kosten. Bis zur Umstellung der Geräte hält sich die Verbilligung für gespaltenes Methangas in den Grenzen von 10—15%. E

Englische Erdgastanker

Zwei 10000-t-Tanker will die britische Gasbehörde für den Transport von verflüssigtem Methan aus Venezuela nach Großbritannien bauen. Die beiden Schiffe könnten bei 13 Reisen im Jahr den Jahresgasbedarf von 1 Mill. britischen Haushalten decken. Für Versuche, die Methangasversorgung in Großbritannien auszubauen, wurden bisher Mittel in Höhe von 28 Mill. DM aufgewendet. E.

Erdölsuche in Venezuela

Die Suche nach neuen Erdölvorkommen wird im Südwesten des Landes im Bezirk Apure, in noch größerer Tiefe bei Maracaibo, unter dem Golf von Venezuela, im Becken von Cariaco und unter dem Flachwasser des Golfes von Paria forciert durchgeführt.

In den unwegsamen tropischen Urwäldern und in den Überschwemmungsebenen der Llanos sind die geologischen und geophysikalischen Sucharbeiten äußerst erschwert. Ebenso schwierig ist die Erkundung in dem bis zu 30 m tiefen See von Maracaibo. Im noch tieferen Golf von Paria wurde 1957 mit den Bohrarbeiten begonnen, im unruhigen Wasser des Golfes von Venezuela konnte bisher nur an der Küste gebohrt werden. Problematisch ist auch die große Tiefe einiger Lagerstätten. Bohrungen von 3000 bis 4000 m sind keine Seltenheit. Die tiefste Bohrung Venezuelas bei Alturitas ist etwas über 5000 m tief und produziert aus dem oberflächennahesten Horizont.

Die Bohrmannschaften sind so gut eingearbeitet, daß z. B. in Boscàn eine 3000 m tiefe Bohrung häufig in nur 14 Tagen niedergebracht wird. Insgesamt wurden 1957 in Venezuela 1746 Tiefbohrungen durchgeführt, 1574 waren davon produktiv und konnten in Betrieb genommen werden.

— ul —

Kohle

Standardisierung der Braunkohle

Dem Beitrag von K. HOFMANN „Zur Standardisierung von Rohbraunkohle und Braunkohlenbriketts", Bergbautechnik, 10. Jg. (1960), Nr. 2, S. 49—55 entnehmen wir:
Vorschläge für die Standardisierung der Rohbraunkohle.
Einteilung nach den Heizwerten:

Rohbraunkohle Heizwert < 1700 kcal/kg
Rohbraunkohle Heizwert 1700—1900 kcal/kg
Rohbraunkohle Heizwert 1900—2100 kcal/kg
Rohbraunkohle Heizwert 2100—2400 kcal/kg
Rohbraunkohle Heizwert > 2400 kcal/kg

Aufgliederung nach der Körnung bzw. Stückgröße:

2.21 Förderkohle
Das ist Förderkohle ohne jede Korngrößenbeschränkung.

2.22 Gebrochene Förderkohle I
Das ist Förderkohle, deren Korngröße 250 mm nicht übersteigt.

2.23 Gebrochene Förderkohle II
Das ist Förderkohle, deren Korngröße 100 mm nicht übersteigt.

2.24 Gebrochene Förderkohle III
Das ist Förderkohle, deren Korngröße 40 mm nicht übersteigt.

2.25 Stückkohle
Das ist Kohle der Körnung über 60 mm, deren Korngröße aber 250 mm nicht übersteigt und bei der beim Empfänger höchstens 10% unter 60 mm enthalten sein dürfen.

2.26 Siebkohle I
Das ist Kohle der Körnung 20 bis 60 mm, bei der beim Empfänger unter 20 mm höchstens 10% und über 60 mm höchstens 5% enthalten sein dürfen. Dabei darf die maximale Korngröße 100 mm nicht übersteigen.

2.27 Siebkohle II
Das ist Kohle der Körnung 8 bis 60 mm, bei der beim Empfänger unter 8 mm höchstens 15% und über 60 mm höchstens 5% enthalten sein dürfen. Dabei darf die maximale Korngröße 100 mm nicht übersteigen.

2.28 Siebkohle III
Das ist Kohle der Körnung 8 bis 20 mm, bei der beim Empfänger unter 8 mm höchstens 20% und über 20 mm höchstens 5% enthalten sein dürfen. Dabei darf die maximale Korngröße 60 mm nicht übersteigen.

2.29 Abgesiebte Klarkohle
Das ist Kohle einer Körnung unter 8 mm, bei der beim Empfänger über 8 mm höchstens 10% enthalten sein dürfen.

E.

Zu: Geplante Gezeitenkraftwerke (Auswahl)

Daten \ Projekt	Mesen-Bucht UdSSR	St. Michel Frankreich	San – José-Golf Argentinien	Severn England	Petitcodiac Kanada	Rance Frankreich	Passamaquoddy USA
Stadium	geplant	geplant	in der Planung abgeschlossen			im Bau	stillgelegt
Tiden hub m	2,2–7,3	3,6–12,6	3,5–7,8	6,4–14,5	6,4–16,0	3,3–11,5	3,4–7,9
Dammlänge km	100	34	7,0	2,0	4,3	0,7	offen
Max. Tiefe bei NW	30	20	15	10	15	10	40
Beckengröße km²	6800	500	750	44	118	20	120
Mittl. theoret. Leistung MW	30000	9500	6000	900	3000	400	900
Turbinenzahl	1000	offen	376	32	30	18	10
Jahreserzeugung MkWh	offen	15000	10000	2365	1600	800	ca. 600

Sonstiges

Geplante Gezeitenkraftwerke

Die Lage der einzelnen Gezeitenkraftwerke zeigt Abb. 1, Einzelheiten gibt die Tabelle (oben) wieder. Außerhalb Europas sind bisher in größerem Umfang nur die USA und Kanada in der Fundy-Bay — dem Gebiet mit den größten Gezeiten der Erde — und Argentinien im Südteil des San Matias Golfes an Gezeitenkraftwerken interessiert, jedoch dürfte es nicht mehr lange dauern, bis sich auch China anschließt, wo gegenwärtig bereits kleinere Studienprojekte in Betrieb und Gebiete erheblichen Tidenhubs vorhanden sind, wie die Abb. 1 erkennen läßt.

Ein Blick auf die Tabelle lehrt, daß Gezeitenkraftwerke eine jährliche Energieerzeugung von 10 Milliarden kWh (das entspricht z. B. der gesamten Elektrizitätserzeugung Belgiens und Hollands im Jahre 1955) und mehr erreichen und damit den Wasserkraftwerken von Grand Coulee (USA), Stalingrad und Kuibyschew gleichkommen. Bei einem Äquivalent von durchschnittlich $^1/_2$ kg Steinkohle für die Erzeugung von 1 kWh erspart ein Tidekraftwerk von 10 Mrd. kWh im Jahr 5 Mill. t Steinkohle (bzw. ca. 10 Mill. t Braunkohle) und kann somit der Energiewirtschaft wertvolle Dienste leisten.

Abb. 2. Skizze eines Zweibecken-Gezeitenkraftwerkes mit kombiniert arbeitenden Stufenbecken (rechts Hoch-, links Tiefbecken)

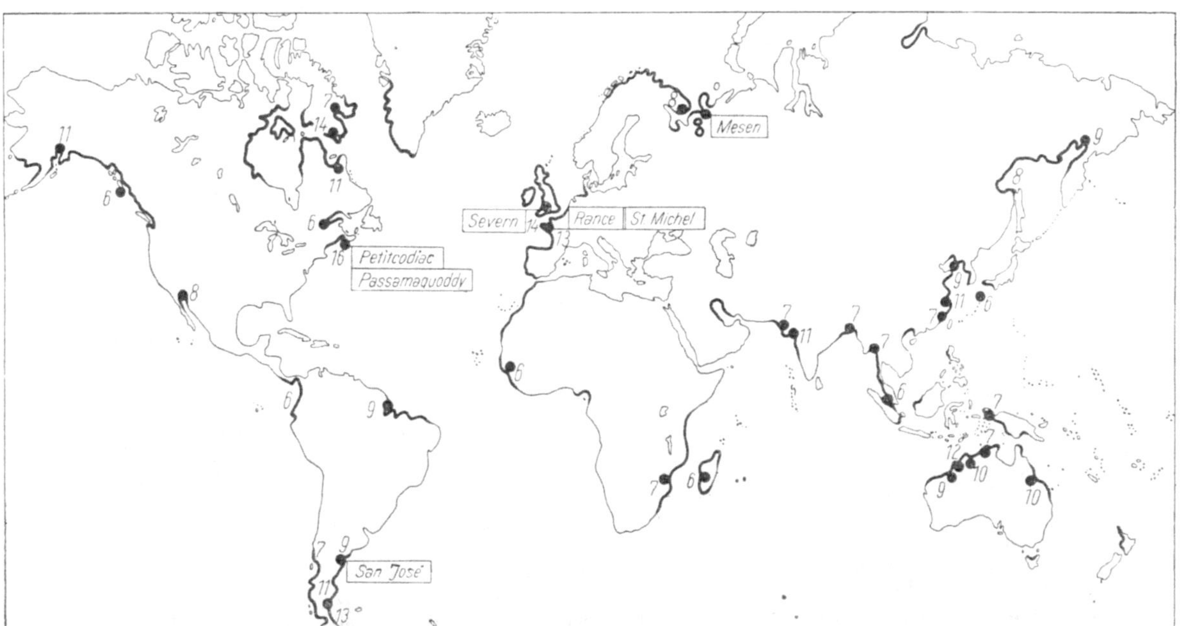

Abb. 1. Küsten mit über 3 m mittlerem Springtidenhub, Orte maximaler Gezeiten und projektierte Gezeitenkraftwerke

Es darf darauf hingewiesen werden, daß weitere Ausführungen vom Verfasser in dem in Kürze erscheinenden Buch „Ebbe und Flut" (Verlag Hermann Haack, Geograph.-Kartograph. Anstalt Gotha) im Kapitel XI „Ausnutzung der Gezeitenkraft" (S. 166—186) gegeben werden. SAGER

Trinkwasser aus dem Meer

Mit Hilfe von Entsalzungsanlagen in zahlreichen Ländern der Erde werden täglich rd. 54000 m³ trinkbares Süßwasser aus dem Meere gewonnen. Die größte Anlage in Kuweit destilliert täglich 4000 m³ Meerwasser. Allerdings sind die Kosten sehr hoch. Mit 90 Pfennig pro Liter rechnet man in England. In Amerika glaubt man, durch Verwendung von Atomkraft die Kosten von 2—3,35 Mark auf 50 Pfennig je Liter senken zu können. -z-

Über einen merkwürdigen Bohrkern

Unter besonderen Umständen können bei Ausfall der Spülung in einer Craelius-Bohrung auf der Bohrlochsohle infolge Reibung so hohe Temperaturen erzeugt werden, daß die Bohrwerkzeuge in heller Gelbglut deformiert und leicht schmelzbare Gesteine gebläht, gesintert und in reduzierender Atmosphäre zu schlackigen Produkten geschmolzen werden (siehe Abb.). Derartige Erscheinungen sind jedoch auf jeden Fall ein Hinweis auf unsachgemäße Durchführung des Bohrvorganges und haben nichts mit dem Auftreten außerordentlich harter, eher noch etwas mit dem Vorkommen sehr weicher Schichten zu tun. Bei solchen weichen Schichten oder Schmantansammlungen auf der Bohrlochsohle besteht die Möglichkeit, daß infolge Verkettung einer Reihe widriger Umstände und ungenügender Kontrollen der Spülung, deren

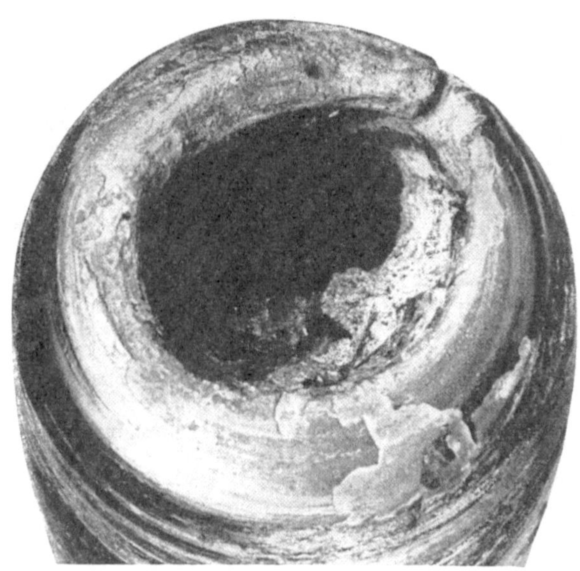

Aufsicht auf die Arbeitsfläche einer deformierten Schrotbohrkrone, mit Resten von Schmelzhäutchen, im Innern mit dem schlackigen Schmelzprodukt (Fot. ZAPF)

Ausfall eine starke Erhitzung auf der Bohrlochsohle erzeugt, Produkte entstehen, die den Bohrfortschritt weitgehend hemmen können. REH

Kurznachrichten

Der VI. **Welterdölkongreß** wird 1963 in **Frankfurt a. Main** stattfinden.

Die **tiefste Förderungssonde Westdeutschlands** ist die bei München gelegene Moosach 3, die zwischen 2943 und 2951 m Teufe aus Priabon-Kalksandstein mit 1,3 m³ Rohöl stündlich durch eine 1-mm-Düse bei 268 at Fließdruck eruptiert.

Die Aufschlußbohrung Wielen Z 2 (**Emsland**) wurde 8 km nordwestlich der Gaslagerstätte Itterbeck in etwa 2050 m Teufe im Hauptdolomit bei 205 at Druck am Bohrlochkopf **gasfündig.**

Anfang August 1959 wurde die **Erdgasleitung Serpuchow—Leningrad** (Länge 800 km) als Abzweigung der 1300 km langen 28″-Leitung Stawropol–Moskau in Betrieb genommen. Damit wird nunmehr Leningrad mit kaukasischem Erdgas versorgt.

Die **französische Erdölförderung** erreichte 1959 3,55 Mill. t. Davon wurden 1,6 Mill. t in Frankreich, 1,2 Mill. t in der Sahara und 0,75 Mill. t in Gabun (Mittelafrika) gefördert. Die Erdgasproduktion stieg auf 2,5 Mrd. m³.

Die im **Pariser Becken** liegenden Sonden Chailly 1, 3, 4 und 9 förderten aus einem Horizont des Doggers aus etwa 1685 m Teufe im März 1959 305 m³, im April 493 und im Mai 746 m³ wasserfreies **Rohöl.**

Die bis Juni 1959 im Feld **Edjele**/Sahara fertiggestellten 62 Fördersonden geben 2245 tato **Rohöl**, d. h. mehr als die Hälfte der für Anfang Januar 1961 geplanten Gewinnung von 4000 tato aus. Das Feld Zarzaïtine kann aus 26 Bohrungen 5200 tato liefern, d. h. mehr als $^1/_3$ der für den 1. 1. 61 projektierten Gewinnung von 14000 tato.

In **Nigeria** wird bei dem Erdölfeld Afam ein mit **Erdgas** betriebenes Kraftwerk errichtet. Die Gasturbinen werden 20-Megawatt-Generatoren in Betrieb setzen und den Hafen Port Harcourt durch eine Überlandleitung mit Strom versorgen. Eine weitere Auswertung des Erdgases wird angestrebt.

Esso hat ein 300000 km² großes Konzessionsgebiet in **Nigeria** erhalten und führt Verhandlungen für ein weiteres Konzessionsgebiet im französischen Sudan.

Der indische Bergbauminister erklärte, daß bis Mitte 1961 die **Rohölproduktion Indiens** auf 3000000 t je Jahr (gegenwärtig 500000 t) erhöht wird. Die Ölfelder in Assam werden für eine derartig hohe Produktion vorbereitet. Man hofft, daß sie den Inlandsbedarf decken können.

Die längste **Ölleitung Indiens** (rd. 1150 km), die von den Ölfeldern in Assam nach den beiden neuen staatlichen Ölraffinerien in Noonmati und Parauni geplant ist, soll nach Fertigstellung im Jahre 1962 jährlich ca. $2^1/_4$ Mill. t Rohöl befördern.

Die Großkokerei **Lauchhammer** produziert gegenwärtig jährlich 1 Mill. t **Braunkohlen**-Hochtemperaturkoks, 800 Mill. m³ Gas, 140000 t Teer und leichte Öle und 4000 t Rohphenole.

In **Westdeutschland** (ohne Saarland) betrug im Jahr 1959 die Stein**kohlen**förderung nach vorläufigen Angaben rd. 125,6 Mill. t. gegenüber rd. 132,6 Mill. t des Jahres 1958. Die Kokserzeugung verringerte sich im gleichen Zeitraum von rd. 39,6 Mill. t auf rd. 34,7 Mill. t. Weiterhin wurden 1959 rd. 93,5 Mill. t Rohbraunkohle gefördert.

In **Amerika** hat sich 1959 gegenüber 1958 die **Uranerz**förderung um ca. 30% erhöht. Insgesamt wurden 6,8 Mill. t im Werte von mehr als 135 Mill. $ gefördert.

Die Ausfuhr von **Eisenerz** aus **Guinea**, dessen Erze von der Halbinsel Kaloum stammen, betrug 1959 nur noch etwa 350000 t gegenüber mehr als 1 Mill. t 1957.

Die **jugoslawische** Zeitung „Borba" meldet aus Pristina, daß bei den Gruben von Novo Brdo ein neues **Mangan**vorkommen erkundet wurde, dessen Vorräte auf 0,5 Mio t berechnet wurden.

In **Großbritannien** werden jährlich 1800 kg **Silizium** (Halbleiterqualität) produziert. Davon kann nach Deckung des inländischen Bedarfs ein Teil exportiert werden.

Die in der Umgebung von Khouribga und Louis Gentil in **Marokko** entdeckten **Phosphatlager** sollen 20 Mill. t Vorräte bei einem Gehalt von 82% aufweisen. Zunächst will man jährlich 500000 t, später 1 Mill. t exportieren und jährlich 100000 t zu Superphosphat, Schwefelsäure und Phosphorsäure verarbeiten.

Die **holländische Schwefel**einfuhr erreichte 1958 über 65000 t. Die Einfuhr von **Pyrit** ging auf 345000 t zurück, da die neueste holländische Schwefelsäurefabrik Schwefel an Stelle von Pyrit als Rohstoff benutzt.

In den nächsten Heften der Zeitschrift für angewandte Geologie

erscheinen u. a. folgende Beiträge:

S. DIMITROFF: Magmenentwicklung und Verteilung der Erzlagerstätten in Bulgarien

G. SCHULZE: Beitrag zur Genese des Polyhalites im deutschen Zechsteinsalinar

I. A. SCHPILMAN: Zur Frage der Erkundung überdeckter Strukturen

R. HOHL & P. BÖHME: Zur Methodik der Erkundungsarbeiten für die Baustoffindustrie auf Betriebsebene

K. J. KLENGEL: Ingenieurgeologische Betrachtungen zum Abtrag des Altenburger Eisenbahntunnels

W. MARTIN: Refraktionsseismische Übersichts- und Spezialmessungen in der Deutschen Demokratischen Republik

I. O. BROD: Gesetzmäßigkeiten in der Verbreitung der Erdöl- und Erdgasakkumulationen

J. A. BILIBIN: Zur Gliederung der Erzlagerstätten in Teufenzonen

J. POMPER & L. FRÖHLICH: Einsatz der Geoelektrik zur Erkundung glazialdynamisch gestörter Tone

Instruktion zur Anwendung der „Klassifikation der Lagerstättenvorräte fester mineralischer Rohstoffe" auf Kali- und Steinsalzlagerstätten der DDR

An unsere Leser!

Das Redaktionskollegium der Zeitschrift für angewandte Geologie ist bemüht, den Inhalt der Zeitschrift so zu verbessern, daß möglichst alle Wünsche der Leser befriedigt werden. Aus diesem Grunde richten wir an Sie die Bitte, uns Ihre Meinung darüber mitzuteilen, was Sie inhaltlich an der Zeitschrift am meisten schätzen, welche Fachgebiete erweitert und welche Probleme Ihrer Meinung nach im Jahre 1961 und später behandelt werden sollten.

Zur Unterstützung des Redaktionskollegiums ist u. a. die Beantwortung folgender Fragen geeignet:

1. Befriedigt Sie Inhalt und Thematik der Zeitschrift?
2. Welche Veröffentlichungen aus den Jahren 1958, 1959 und 1960 halten Sie für besonders gut?
3. Welche Probleme sollten 1961 eingehend behandelt werden?
4. Was sollte an der Zeitschrift verändert und verbessert werden?
5. Welche Beiträge aus Ihrer wissenschaftlichen Tätigkeit beabsichtigen Sie in nächster Zeit an die Redaktion der Zeitschrift für angewandte Geologie einzureichen?

Ihre Antwort erbitten wir auf beiliegender Karte.

Redaktionskollegium
der
Zeitschrift für angewandte Geologie

Herausgeber: Staatliche Geologische Kommission und Zentrale Vorratskommission für mineralische Rohstoffe der Deutschen Demokratischen Republik. Chefredakteur: Prof. Dr. Erich Lange, Berlin. Redaktion: Berlin N 4, Invalidenstraße 44. Verlag: Akademie-Verlag GmbH, Berlin W 1, Leipziger Straße 3–4 (Fernsprecher: 220441, Postscheckkonto: Berlin 35021). Bestellnummer des Heftes 1047/6/6. Die „Zeitschrift für angewandte Geologie" erscheint monatlich. Bezugspreis 2,– DM je Heft. – Satz und Druck: Druckhaus „Maxim Gorki", Altenburg. Veröffentlicht unter der Lizenznummer ZLN 5008 des Ministeriums für Kultur, Hauptverwaltung Verlagswesen. Karten: MdI der DDR Nr. 5016, 5577/K 11.
Printed in Germany

FSC
www.fsc.org
MIX
Papier | Fördert gute Waldnutzung
FSC® C083411

Zeitfracht Medien GmbH
Ferdinand-Jühlke-Straße 7
99095 Erfurt, Deutschland
produktsicherheit@kolibri360.de